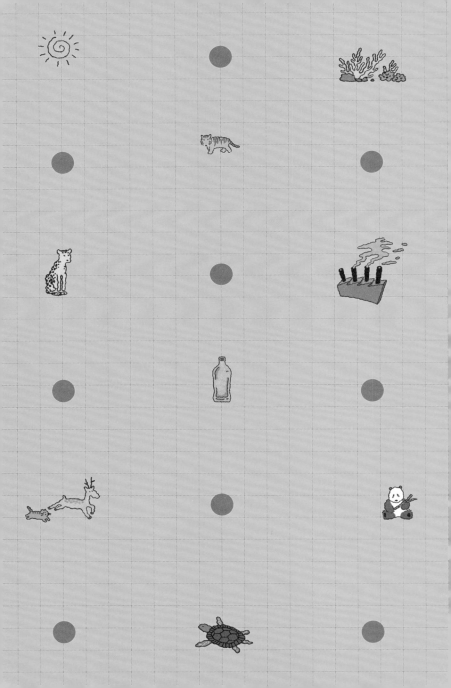

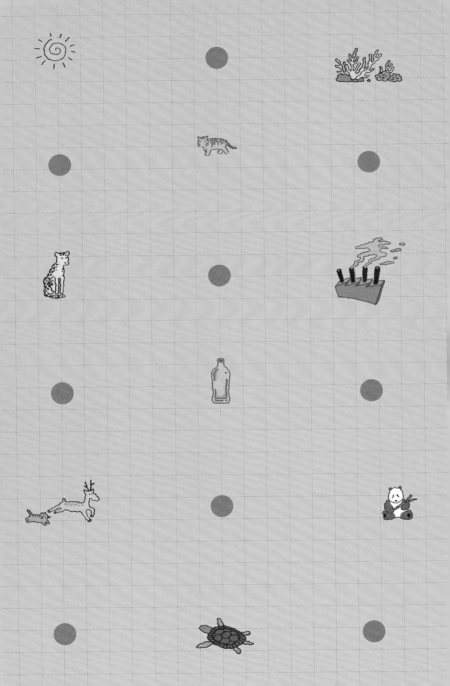

과학이 지구를 구할 수 있나요?

과학적으로 생각하고 지구적으로 행동하는 기후 과학 수업

세상을묻는십대

초판 1쇄 발행 2024년 9월 10일

지은이	목정민
그린이	도아마
펴낸이	이영선
책임편집	이민재
편집	이일규 김선정 김문정 김종훈 이민재 이현정
디자인	김회량 위수연
독자본부	김일신 손미경 정혜영 김연수 김민수 박정래 김인환

펴낸곳 서해문집 | 출판등록 1989년 3월 16일(제406-2005-000047호)
주소 경기도 파주시 광인사길 217(파주출판도시)
전화 (031)955-7470 | 팩스 (031)955-7469
홈페이지 www.booksea.co.kr | 이메일 shmj21@hanmail.net

과학이 지구를 구할수 있나요?

목정민 글
도아마 그림

서해문집

프롤로그

기후변화 시대의
과학 수업

2024년 1월 초등학생 두 아이와 인도네시아 발리로 여행을 갔습니다. 우리 가족은 그곳에서 서핑을 하려고 했답니다. 멋진 파도가 끊임없이 밀려드는 발리의 꾸따 해변은 '서핑의 성지'라 불려요. 오래전부터 서핑 여행을 꿈꿔온 우리에게 안성맞춤인 장소였죠. 그런데 설레는 마음은 여행을 준비하면서 금세 걱정으로 바뀌었습니다. 발리의 1월은 비가 많이 내리는 우기이고, 이때 인도네시아 각지에서 나온 쓰레기가 해류를 타고 꾸따 해변으로 흘러든다는 정보를 접했거든요. 인터넷엔 쓰레기로 뒤덮인 해변 사진이 수없이 올라와 있었어요. 해변 관리인들이 매일 아침마다 청소한다고는 하지만 여행을 망치지 않을까 조바심이 들었죠. 영 내키지 않았지만 대부분의 일정을 예약해놓은 터라 어쩔 수 없이 비행기에 올랐습니다.

발리에 도착한 다음날 아침 일찍 해변에 나가보았습니다. 그런데 웬걸요. 걱정과 달리 화창하고 말끔한 풍경이 우릴 기다리고 있었어요. 그곳에서 서핑 업체를 운영하는 한국인 사장님에게서 이유를 들을 수 있었죠. "예년 같으면 해변이 엉망진창일 텐데, 올해 우기엔 비가 적게 와서 그런지 쓰레기가 쌓이는 날이 없네요." 이런 말도 남겼어요. "아무래도 기후변화의 영향이 큰 것 같아요." 실제로 발리에 머문 닷새간 우산이나 우비를 꺼낼 일은 없었답니다.

쓰레기 없는 발리의 해변에서 서핑을 즐기면서도, 한편으로는 찜찜함이 들었어요. 한 해 한 해 심각성을 더해가는 기후변화의 여파가 우리의 일상까지 파고드는 걸 느꼈기 때문이에요. 불과 1년 전에 나온 베스트셀러 여행 책자의 노하우, 한 달 전 업로드된 여행 유튜버의 생생한 영상에 담긴 날씨 정보가 나의 여행에도 그대로 적용될지 장담할 수 없는 세상이 된 거죠.

발리가 위치한 인도네시아의 기후변화는 여행객뿐 아니라 그곳 주민과 국가 전체에 커다란 영향을 미치고 있습니다. 당장 해수면 상승으로 수도 자카르타가 물에 잠길 위기에 처했고, 이 때문에 수도를 옮기는 사업을 진행하고 있어요. 대표 작물인 커피의 생산량도 줄고 있습니다. 이상고온 현상과 극심한 가뭄 때문이죠. 더 큰 문제는 이런 일이 인도네시아, 동남아시아만의 일이 아니라 전 지구적 차원에서 일어난다는 데 있습니다.

저는 이 책에서 여러분이 성장하며 꿈을 펼쳐갈 무대인 지구가 기후변화라는 커다란 위기에 처했음을 함께 알아보려고 합니다. 나아가 그런 지구를 구하기 위해 무엇을 해야 할지, 지금껏 인류 문명의 발전을 이끌어온 과학의 역할을 중심으로 이야기해볼 거예요. 그동안 뉴스 등을 통해 단편적으로만 소개되어온 각종 과학기술과 실험이 시도되는 맥락과 가능성을 두루 살필 수 있을 거예요.

기후변화가 본격화할수록 한편에선 무엇으로도 지구의 위기와 인류의 종말을 막을 수 없다는 절망이, 다른 한편에선 과학기술이 모든 걸 해결해줄 거라는 장밋빛 전망이 나돌고 있습니다. 그러나 우리가 지녀야 할 태도는 무기력한 비관도 근거 없는 낙관도 아니에요. 기후변화가 불러온 다양한 문제를 제대로 이해하고 이에 대처할 수 있는 과학적 방법을 고민하는 것입니다.

1장 〈지구와 인간〉은 너무 지쳐버린 지구와, 멀쩡했던 지구의 숨을 턱까지 차오르게 만든 인간의 이야기예요. 2장 〈기후변화〉에서는 우리가 숨 쉬는 공기 중에 이산화탄소가 급증하면서 일어난 지구온난화, 그리고 고열에 시달리는 지구를 구하기 위한 과학기술의 노력을 살펴볼 거예요.

3장 〈에너지 위기〉에서는 화석연료를 사용해 일군 인류의 문명이 오히려 인류의 생존을 위협하는 아이러니와, 이에 대처하는 재생에너지 기술을 들여다봅니다. 4장 〈식량위기와 환경오염〉은 식량난과 쓰레기 문제, 그리고 이를 해결하기 위한 대안식량 연구와 쓰레기 처리 기술에 대한 이야기예요.

5장 〈생물다양성 위기〉에서는 기후변화가 초래한 생물의 멸종과 이를 복원하기 위한 노력을 살펴봅니다. 마지막으로 6장 〈인간과 과학〉은 과학기술이 가진 두 얼굴, 그리고 우리가 과학에 대해 가져야 할 태도에 대한 이야기입니다.

2023년 IPCC(기후변화에 관한 정부 간 협의체)의 제6차 보고서는 "향후 10년간의 노력이 지구의 운명을 결정"할 것이라고 경고합니다. 현재 인류의 행보에 여러분이 살아갈 무대, 즉 지구환경의 미래가 달려 있다는 뜻이죠. 우리가 기후변화에 대해 알고, 행동하고, 변화하는 데 온힘을 다해야 하는 이유입니다. 이 책이 저마다의 자리에서 할 수 있는 역할을 고민해보는 시간을 마련해주길 바랍니다.

글을 쓰도록 용기를 실어준 든든한 남편 양일혁과 엄마의 책에 늘 호기심이 넘치는 시원이 시우, 그리고 늘 제가 존중받는 사람이라는 걸 느끼게 해주시는 네 분의 부모님께 감사드립니다.

2024년 9월
목정민

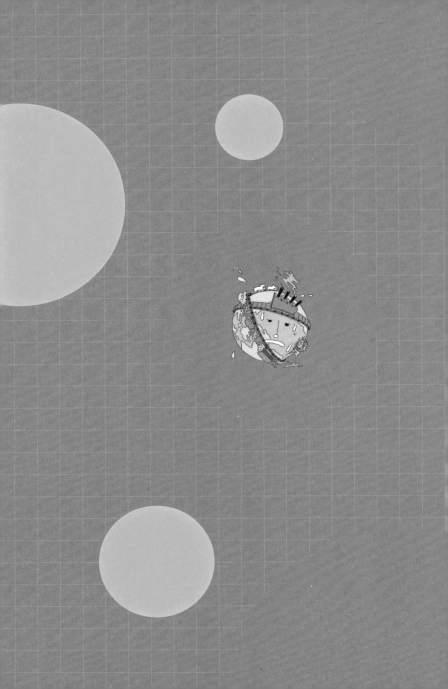

지구와
인간

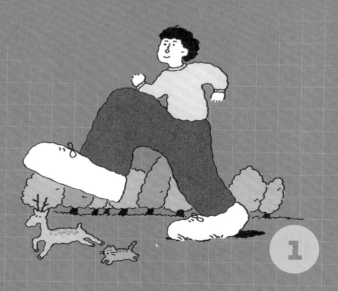

1

안타깝게도, 수많은 연구 보고서가 지구의 암울한 미래를 전망하고 있습니다. 미래의 지구는 어떤 모습일까요? 앞으로 70여 년 뒤, 그러니까 2020년대의 청소년 여러분이 90대 노인이 되어 있을 2100년으로 가볼까요? 그때쯤이면 아마도 100억 명에 달할 지구인들은 어떤 삶을 살게 될까요?

여러분은 많은 걸 꿈꾸고 경험하며 성취를 쌓아갈 거예요. 학교를 졸업하고, 새로운 사람을 만나고, 일자리를 찾고, 가족을 이루고…. 순간순간마다 삶의 희로애락을 맛볼 테죠. 문제는 이 모든 이야기의 '무대'인 지구가 급격한 변화를 맞고 있다는 점이에요. 여러분이 살아갈 지구는 저를 포함한 어른들이 지금껏 살아온 지구의 모습과는 전혀 다를 겁니다. 따라서 여러분이 지구환경 변화에 주목하는 것은 앞으로 펼쳐갈 자기 삶의 무대에 관심을 갖는 일과 다르지 않아요.

앞서 말했듯, 지구환경 변화를 분석한 대부분의 연구 결과는 지구가 커다란 위기에 처했음을 경고하고 있습니다. 2100년도의 지구의 모습은 현재와 크게 다를 거예요. 그런 이야기를 다루는 과학 교과서의 내용도 크게 바뀌겠죠. 2100년도의 청소년이 배우게 될 과학은 어떤 모습일까요? 현재까지 발표된 여러 연구 보고서에 약간의 상상을 덧붙여 미래의 과학 교과서를 재구성해보았습니다.

인류의 생존과 지구

✧

2100년을 살아가는 인류 앞에는 '생존'이라는 과제가 놓여 있다.
지구의 평균기온은 18세기 산업혁명 시기와 비교해 3℃ 가까이 올랐다.
세계 각지에서 보고되는 기상이변은 매년 증가하고 있다. 한국은 더욱
심각하다. 한국의 평균기온은 무려 7℃ 상승했다. 봄과 가을은 사라진
지 오래고 여름엔 폭염의 연속이다. 갑작스런 폭우, 즉 극한강수도
급증했다. 길어진 여름의 영향으로 한반도에 상륙하는 태풍의 빈도와
강도도 크게 상승했다.

'만년 얼음'으로 불리던 북극 빙하는 뿌리까지 녹아 내렸다. 남극의
사정도 마찬가지다. 남극 대륙의 얼음이 녹아 바다로 향하면서
해수면의 높이는 상승을 거듭했다. 그 때문에 세계지도는 10년마다
새로 제작되고 있다. 투발루 등 태평양의 많은 섬들이 지도에서
사라졌다. 한국 또한 한반도의 해수면이 1990년대 대비 73㎝나

올라가면서 주요 해안 도시들이 물에 잠겼다. 유네스코 세계문화유산 중 하나로 아름다운 경관을 자랑하던 제주도는 곳곳이 수몰되었고, 30만 명의 주민이 내륙으로 이주했다. 한국 제2의 도시이자 최대 항구도시인 부산의 대표적 명소인 해운대 백사장도 사라졌다. 변화한 해안선에 맞춰 지도를 고치는 게 정부의 주요 사업이 되었다.

한편 전 지구적으로 진행 중인 '6차 대멸종'도 인류의 생존을 위협하고 있다. 꿀, 사과, 커피, 감자, 쌀, 고추, 조개, 콩은 이제 평범한 식탁에서 자취를 감췄다. 기후변화로 재배가 어렵기 때문이다. 빨간 고추장이 들어간 떡볶이는 고급 레스토랑에서나 맛볼 수 있다. 식량자원이 감소하면서 국회에서는 시민들의 식단을 단순화하고, 곤충이나 인공육 등의 대체식을 일정 비율 의무화하거나 아예 식사량을 제한하는 내용의 법안 제정을 논의 중이다.

기후변화의 원인은 무엇보다 산업혁명 이후 급증한 온실가스[✦]다. 1997년 세계 각국은 일본 교토에 모여 기후변화에 함께 대응하기로 의견을 모았지만, 실천은 더디거나 현실의 벽에 부딪혔다. 2015년에는 프랑스 파리에서 195개국이 "지구의 평균기온 상승 폭을 산업화 이전

✦ 　온실효과를 일으키는 기체, 즉 태양열을 흡수·재방출해 지구의 기온을
　높이는 효과를 내는 기체를 뜻해요. 이산화탄소(CO_2), 메테인(메탄, CH_4),
　이산화질소(NO_2), 수소불화탄소(HFC_s) 등이 있습니다.

대비 1.5℃로 제한하기 위해 노력하자"고 합의했다. IPCC(기후변화에
관한 정부 간 협의체)✦는 여러 차례 "기후변화는 인간의 탓"이라고
진단하고, "현재의 기후변화 저지 계획은 불충분하지만 그럼에도
기회는 남아 있다"라며 변화를 촉구했지만 온실가스 배출량은
줄어들지 않았다.

인류가 기후변화를 저지할 수 있는 '최후의 시간'이 코앞으로 다가왔던
2023년, IPCC는 제6차 보고서를 통해 이렇게 경고했다. "2030년까지
각국의 온실가스 감축 목표량을 높이지 않으면 산업혁명 이전과
비교해 지구 평균기온은 2100년까지 약 2.8℃ 상승할 것이다." 예언은
현실이 됐다. 스스로 감당할 수 있는 한계를 넘어선 기후변화에 지구는
오랫동안 경고 신호를 보내왔다. 그럼에도 온실가스를 획기적으로
줄이는 에너지 전환과 산업구조 변화에 끝내 실패한 인류는 이제
생존의 기로에 서 있다.[1]

✦ IPCC는 Intergovernmental Panel on Climate Change의 약칭이에요.
   세계기상기구(WMO)와 유엔환경계획(UNEP)에 의해 1988년 설립됐죠.
   이곳에 소속된 기후과학자들은 인간 활동으로 인한 기후변화 위험을
   평가하고 그 대응 방안을 담은 보고서를 작성합니다. 가장 최근 보고서인
   6차 보고서는 2023년 3월에 발표되었답니다.

어떤가요? 2023년의 여러분은 기후변화가 지구환경과 인류를 위험에 빠뜨릴지도 모른다는 내용을 배우고 있지만, 2100년도의 청소년은 생존이냐 멸종이냐를 고민하고 공부할 가능성이 높습니다. 지금 당장 지구를 살리기 위한 결심과 실천에 나서지 않는다면 말이죠.

과학자들은 하나같이 경고합니다. 인간이 지금까지의 생

활 방식을 고집하면서 온실가스 배출량을 극적으로 줄이지 못한다면 '대멸종'이 일어난다는 거예요. 대멸종이란 지구환경의 급격한 변화로 생물종의 대다수가 사라지는 사건을 가리켜요. 6500만 년 전까지 지구를 지배하던 공룡이 순식간에 멸종한 것처럼 말이죠. 과학이 예측하듯 기후변화가 또 한 번의 대멸종을 몰고 온다면, 우리는 그 시작점에 서 있는 셈입니다.

여기, 갈림길이 있습니다. 한쪽 길은 온실가스를 감축하고 기후변화를 막아내는 데 성공함으로써 지구와 공존하는 삶입니다. 다른 한쪽은 변화보다 지금까지의 편리한 삶을 고수함으로써 지구가 그런 인류를 감당하지 못하는 수준(대멸종)에 도달하는 것입니다. 공존 vs. 대멸종. 여러분이 맞이할 미래는 어느 쪽일까요?

과학자들은 지구의 변화에 주목하고 있습니다. 현재 환경 파괴 수준이 어떠한지, 그 원인은 무엇인지, 앞으로는 어떻게 바뀌어갈지 연구하는 거죠. 미래를 100% 정확하게 점치기는 불가능합니다. 그럼에도 지금껏 축적된 방대한 자료를 이용해 미래를 예측하는 기술의 오차는 점점 줄어들고 있어요. 이를 바탕으로 아픈 지구를 치유할 여러 과학적 방안도 속속 등장하고 있습니다.

250년간의 가속 페달

2023년 6월은 기상관측이 시작된 이래 가장 뜨거운 6월이었다고 해요. 한국엔 때 이른 폭염이 닥쳤습니다. 영국·벨기에·네덜란드 등 북서 유럽에서도 이상고온 현상이 발생했고, 미국·캐나다·멕시코의 주민들도 평년보다 무더운 나날을 보내야 했죠. 통계를 보면 이해 6월의 세계 평균기온은 1991~2020년까지의 6월과 비교해 0.53℃ 높았어요. 그전까지 가장 뜨거운 6월로 기록된 2019년 6월(평년보다 0.37℃ ↑)과 비교해도 두드러지는 '이상한 현상'입니다.[2]

앞에서 '기상관측' '기후변화'란 표현을 사용했는데요. 기상이란 날씨, 즉 기온·습도·강수·바람·구름 등 지구 대기의 상태를 말합니다. 한편 기후는 장기간에 걸친 대기의 종합적이고 평균적인 상태를 의미해요. 쉽게 말해 기상이 그날그날의 날씨라면, 기후는 그 날씨들의 평균값이에요. 2023년 6월처럼 기온이 평년값, 즉 기후에서 크게 벗어나는 경우를 이상기상 또는 기상이변이라고 표현해요. 보통 직전 30년간을 기준으로 삼지만, 50년 100년으로 넓혀 보기도 합니다.

그런데 언제부턴가 우리는 이상기온을 이상한 현상으로 여기지 않습니다. 전 세계에서 셀 수 없이 많은 기상이변이 일어나고 있기 때문이에요. 기온뿐 아닙니다. 유례없는 양의 비와 눈, 때 아닌 가뭄과 홍수 소식이 하루가 멀다 하고 뉴스에 등장합니다. 이상하지만 이제는 이상하지 않은 지구의 날씨. 맞아요. 날씨들의 평균값인 기후가 변한 것이죠. 그렇다면 지구의 기후는 대체 왜 변한 걸까요?

인류가 이룬 문명의 역사를 보면, 지구환경이 급변하는 이유를 알 수 있어요. 산업혁명(1760~1820년경)이 일어난 250여 년 전으로 거슬러 올라가볼까요? 산업혁명은 18세기 영국에서 시작된 기술혁신입니다. 인류 문명의 중심을 농업에서 공업으로 바꿔놓은 대사건이자, 상품의 생산과 소비가 폭발적으로 늘어나게 된 시작점이죠.

산업혁명으로 인류는 한 번도 경험하지 못한 규모의 사회·경제적 성장, 이른바 '거대한 가속'을 하게 됩니다. 250년 전 10억 명 정도로 추산되는 세계 인구는 8배 이상으로 늘어났어요. 전 세계 국내총생산(GDP)*은 100배 이상 성장했고요. 그뿐 아니라 물·에너지 사용량, 교통량, 통신량 모두 기하급수적으로 늘어났습니다.

'거대한 가속'은 인간의 능력만으로는 불가능해요. 지구의 자원과 에너지가 아낌없이 사용된 결과입니다. 그 대가로 엄청난 양의 온실가스와 쓰레기, 각종 오염물질이 배출되었죠. 지구가 공급하는 자원에도, 지구가 처리하는 온실가스와 오염물질에도 한계가 있어요. 인간이 사용한 만큼 자원은 바닥나고, 인간이 배출한 만큼 지구는 지쳐갑니다. 이제 한계에 다다랐어요. 지구는 더 이상 '거대한 가속'을 견뎌낼 수 없는 상태입니다.

우리는 여태까지 인류가 일군 문명의 위대함에만 주목해 왔어요. 그러나 이제는 성장과 발전의 과정, 그리고 그 결과까지 살펴야 합니다. 문명을 이루기 위해 끌어다 쓴 지구의 자원의 양, 배출한 쓰레기의 양까지 고려해야 할 때예요.

✦   GDP는 한 국가에서 일정 기간에 만들어낸 생산물의 가치를 합한 수치입니다. 경제력을 평가하는 가장 중요한 지표로 사용됩니다.

우리 지구가 지쳤어요...

숨이 턱까지 차오른 지구

지구는 경이로운 회복력을 가진 존재예요. 고무줄을 잡아당 겼다 놓으면 원래 모양으로 돌아오듯, 어지간한 충격엔 끄떡 없는 맷집이 있답니다. 이를 지구의 '회복 탄력성'이라고도 해 요. 그 덕분에 46억 년이란 긴 시간 동안 소행성 충돌이나 빙 하기 등의 환경 급변을 여러 차례 겪으면서도 매번 적응하고 회복해왔죠. 문제는 인간의 욕망이 그 맷집의 한계를 넘어섰 다는 점이에요. 고무줄을 너무 강하게 잡아당기면 끊어져버 리듯, 지구가 회복 탄력성을 잃어버리고 있는 거죠.

지구가 인간에게 제공하는 것들이 무한하지 않다는 사실 을 일깨운 인물은 스웨덴의 기후과학자 요한 록스트룀(Johan Rockstrom)이에요. 그는 2009년 '지구의 위험 한계선'이라는 개념을 제시하며 우리가 사는 이 행성이 얼마나 위급한 처지 에 놓였는지 경고합니다.

위험 한계선을 넘어선 지구는 인류의 보금자리가 아니라 인류를 멸망으로 몰고 가는 죽음의 공간이 될 수 있습니다.

실제로 지구가 이미 '위험' 수준에 도달했다는 게 록스트룀 등 많은 과학자들의 견해예요. 이들은 다음 9가지 분야를 통해 지구의 위험 한계선을 평가합니다.

① 기후변화 ② 생물다양성 손실 ③ 토지사용의 변화
④ 질소·인 순환 ⑤ 담수 이용 ⑥ 해양 산성화
⑦ 화학물질 오염 ⑧ 오존층 파괴 ⑨ 대기 오염

이 가운데 ①기후변화 ②생물다양성 손실 ③토지사용의 변화 ④질소·인 순환 등 4개 분야에서 이미 한계선을 벗어났다고 해요. 지구를 구성하는 생태계, 즉 토양-해양-대기는 긴밀하게 연결되어 물질과 영향을 주고받습니다. 몸속 장기 중 하나만 고장 나도 생명이 위험하듯, 지구 역시 생태계의 일부라도 회복력을 상실하면 전체 생태계가 위태로워져요. 도미노 현상이 벌어지는 거죠.

모든 동식물은 태어나서 죽을 때까지 지구의 자원을 사용하며 똥오줌 등의 폐기물을 내놓습니다. 이렇게 생명체의 자원 소비량과 폐기물 배출량의 총합을 발자국 모양으로 나타낸

걸 '생태발자국'이라고 해요. 발자국이 클수록 지구환경에 해를 많이 끼친다는 뜻입니다. 지구가 인간에게 허용한 생태발자국은 1인당 1.8ha(헥타르)예요. 축구장 2.5개 정도의 넓이죠.

국제환경단체 '글로벌 생태발자국 네트워크(GFN)'는 해마다 인간의 생태발자국, 즉 자원 소비량과 폐기물 배출량이 지구의 공급·흡수 능력을 초과하는 시기를 측정해 '지구 생태용량 초과의 날(오버슛데이)'로 정하고 있습니다. 2024년 지구의 오버슛데이는 8월 1일이에요. 다시 말해 8월 2일부터 인류가 이용하는 동식물과 에너지 등 생태 자원, 다 쓰고 내놓는 온실가스와 쓰레기는 그해 지구가 감당할 수 있는 한계를 넘어선다는 뜻이에요. 1년치 생태용량을 7개월 만에 다 소진해버리고 나머지 5개월은 매일매일 미래세대의 몫을 당겨쓰면서 살아가는 셈이죠.

GFN에 따르면 오늘날 전 세계인이 누리고 있는 생활을 유지하기 위해서는 1.75개의 지구가 필요합니다(2022년 기준). 한국인은 생태용량의 8.5배가 넘는 생태발자국을 남기고 있어요. 미국과 호주 다음으로 많이 쓰고 많이 버리는 나라죠. 전 세계가 미국인처럼 산다면 무려 5.1개의 지구가, 한국인처럼 산다면 4개의 지구가 필요해요!

생태발자국을 줄이려면 자원의 낭비를 최소화하는 동시에 재생에너지 사용을 늘리고 환경파괴를 막아야 합니다. 결국 덜 생산하고 덜 써야 하는데, 사는 방식 자체를 바꿔야 하는 일이죠. 그러지 않고 현재 수준을 유지한다면? 봄이 왔음에도 농사지을 씨앗이 없어 축 처진 농부의 뒷모습을 SF영화가 아닌 현실에서 보게 될지 모릅니다.

앞에서 보았듯 지구의 위험 한계선 가운데 4개 영역이 위험 수준에 다다랐어요. 이렇게 된 가장 큰 원인은 매년 수백억 톤씩 배출되며 지구의 대기를 채워가고 있는 온실가스입니다. 특히 온실가스 중 가장 큰 비중을 차지하는 이산화탄소(CO_2) 배출량은 2023년 366억 톤으로 사상 최고치를 경신했어요.

또 하나의 원인은 인구입니다. 오늘날 지구인의 수는 80억 명이 넘습니다. 그나마 증가세가 둔화하고 있다지만, 유엔에서는 2037년이면 90억 명을 넘어서리라 예측해요. 세계 인구는

지구에겐 너무 큰 인간의 생태 발자국

이후로도 꾸준히 늘어나 2080년대에 100억 명에 이르고, 2100년 무렵까지 비슷한 규모를 유지한다고 합니다. 앞서 우리가 상상해본 2100년의 과학 교과서 역시 이 전망에 따른 것이죠.

세계은행의 집계에 따르면 80억 지구인이 경제활동을 하며 만들어내는 GDP는 매년 100조 달러 이상이라고 해요. 2020년대 한국의 GDP가 2조 달러 안팎이니 지구엔 한국과 비슷한 생산력을 갖춘 나라가 50개쯤 존재하는 셈이죠. 많은 인구와 막강한 생산력은 오랫동안 풍요의 상징이자 모든 나라의 목표였어요. 하지만 지구가 감당할 수 없는 풍요와 목표라면 인간에게도 결코 이롭지 않을 거예요. 이제 지구와 인간이 공존하는 방안을 찾아야 할 때입니다.

인류세, 인간이 만든 대멸종의 시대

시간은 끊임없이 흐릅니다. 그 흐름을 따라 머나먼 과거에서 시작해 현재, 나아가 미래까지 이어지는 변화의 과정을 '역사'라고 부르죠. 역사는 워낙 기나긴 이야기라서 이해하기 쉽게끔 몇 개의 구간으로 나누어 다루곤 해요. 이걸 '시대 구분'이라고 합니다. 인류 역사에서 시대를 구분하는 기준은 문명의 변화입니다. 여러분에게도 석기시대-청동기시대-철기시대, 혹은 고대-중세-근현대라는 용어가 낯설지 않을 거예요. 각각 인간이 사용하는 도구와 사회체제의 특성에 따른 시대 구분입니다.

그렇다면 46억 년에 이르는 지구의 역사는 무엇으로 구분할까요? 지질학적 변화, 다시 말해 토양과 대기 등 지구를 이루는 온갖 물질의 변화와 그 위에서 살아간 다양한 생명체의 흔적을 기준으로 삼아요. 이렇게 구분한 지구의 역사를 '지질시대'라고 합니다. 지질시대는 크게 선캄브리아대·고생대·중생대·신생대로 나뉘고, 각 시대는 다시 기·세 등으로 나뉩니다. 우리가 살아가는 현재를 '신생대 제4기 홀로세'라고 해요.

홀로세(Holocene)는 약 1만 년 전부터 시작되었습니다. 다른 말로는 충적세, 현세라고도 해요. 홀로세의 특징은 안정된 기후예요. 식량을 얻기 위해 수렵·채집 생활을 하며 끊임없이 이동하던 인류는 홀로세 이후 정착과 농경을 시작하게 됩니다. '농업혁명'이라고 불리는 인류 문명의 뿌리가 탄생한 거죠.

안정된 기후는 문명 발달의 기초가 되었고, 18세기 산업혁명으로까지 이어져요. 이후 250년간 과거와는 비교하기 힘든 사회·경제적 변화가 일어납니다. 그 덕분에 인간은 풍요로운 삶을 누리게 됐지만 반대로 지구는 몸살을 앓기 시작했어요. 자원이 한없이 소모되는 동안 대기 중 온실가스와 쓰레기는 늘어만 갔죠. 급기야 과거와는 확연히 다른 기후가 나타납니다. 남북극의 빙하가 녹고, 전에 없던 극단적 폭염과 한파, 가뭄과 홍수가 세계 곳곳을 덮쳤어요.

오존층 파괴 연구로 노벨화학상을 수상한 네덜란드의 대기화학자 파울 크뤼천(Paul J. Crutzen)은 산업혁명 이후의 지질시대를 '인류세(Anthropocene)'로 명명했습니다. 지난 1만 년간 안정되었던 기후가 극적으로 변화했음을, 동시에 그런 급변의 원인이 우리들 인류에게 있음을 선언한 것이죠.

인간의 영향력이 지질시대를 구분 지을 정도로 크다는 사실에 의문을 품은 사람도 있을 거예요. 또한 아직 수백 년에 불과한 인류세의 범위가 다른 지질시대에 견줘 너무 짧다는 점을 들어 인정하기 어렵다는 입장도 있습니다. 인류세를 받아들이되 그 시작을 산업혁명기가 아닌 20세기 중반으로 늦춰 잡는 학자도 있어요. 그러나 시점에 관한 논란과는 별개로 기후학과 생태학을 연구하는 대부분의 과학자가 동의하는 사실은 지구환경의 급변은 화산 분화, 지각변동, 침식 등의 자연적 영향보다 인간 활동의 영향이 훨씬 직접적이고 크다는 점이에요. 인류가 한 번도 경험해보지 못한 지구를 스스로의 손으로 만들었다는 점에서, 우리는 명백히 인류세를 살고 있습니다.

인류세의 특징은 인구 급증과 기후변화, 생태계 붕괴, 이에 따른 인류의 위기로 정리할 수 있습니다. 그리고 이 특징들은 긴밀히 연결되거나 인과관계를 가지죠. 하나씩 살펴볼까요? 먼저, 인구와 자원 소비량은 비례해요. 자연스럽게 온실가스와 오염물질 배출량도 증가합니다. 다만 그 속을 들여다보면 단순 인구보다는 경제·산업 활동의 영향이 더 크다는 걸 알수 있어요. 산업혁명 이후 250년간 배출된 온실가스의 73%

가 북미와 유럽, 중국에서 나왔습니다. 또한 오늘날 세계 상위 10%의 부자가 전체 온실가스의 48%를 배출하고 있다고 해요.[3]

온실가스로 인한 지구온난화, 즉 기후변화는 인류세를 상징하는 사건입니다. 산업혁명 이전 350ppm[✦]으로 균형을 유지해온 대기 중 온실가스 농도는 410ppm으로 17% 이상 상승했어요. 이에 따라 같은 기간 지구의 평균기온(표면 온도)은 1.1℃ 상승했습니다. 겨우 1℃ 남짓한 변화라고 하니 별일 아니라는 생각이 들지도 몰라요. 2장에서 다시 이야기하겠지만 지구의 평균기온이 1℃ 오른다는 건 상상 이상으로 큰 문제입니다. 2023년 IPCC 보고서는 조만간 지구의 평균기온 상승 폭이 1.5℃를 넘어서며, 이는 돌이킬 수 없는 생태계 파괴를 초래할 것이라고 경고합니다. 이를 막기 위해 2030년까지 온실가스 배출량을 2019년 대비 43% 감축해야 한다고 촉구하면서요.

✦ ppm(parts per million)은 농도의 단위로 100만분의 1을 가리킵니다. 따라서 대기 중 이산화탄소 농도가 350ppm이라고 하면 우리가 숨 쉬는 공기의 0.035%가 이산화탄소라는 뜻이에요.

인류세의 또 다른 특징은 '대멸종'이에요. 지구는 탄생 이후 다섯 차례의 대멸종을 겪었어요. 운석 충돌이나 화산폭발, 온난화·빙하기 도래, 우주폭풍 등 모두 자연환경의 급변으로 발생한 사건이에요. 마지막 5차 대멸종은 약 6500만 년 전 중생대 백악기에 일어났습니다.

그 이후, 특히 지난 1만 년 동안 안정적이던 기후가 크게 변화하면서 지구의 생명체들은 지금껏 적응해온 생태계와는 근본적으로 다른 환경에 직면했습니다. 학계에서는 인간에 의한 여섯 번째 대멸종이 이미 시작되었다고 보고 있어요. IPCC 보고서에 따르면 지구 평균기온이 2℃ 이상 상승할 경우 현존하는 생물종의 54%가 멸종위기에 몰린다고 해요. 인류 또한 이번 대멸종에서 안전하지 않습니다.

기후변화

2

제가 여러분 또래일 때, 우리 가족은 강원도에 자주 놀러갔답니다. 여름철이면 속초 물치항의 '준호네 횟집'에 가서 오징어 회를 먹었어요. 투명하고 반짝반짝 빛나는 오징어가 접시에 수북이 담겨 나오곤 했죠. 아버지께서 특히 좋아하셨어요. 오징어 회는 부담 없이 즐길 수 있는 동해안의 대표 횟감이었습니다. 1990년대엔 만 원이면 서너 명이 배불리 먹을 정도였죠. 초고추장에 찍은 오징어를 한 젓가락 입에 넣고 씹으면 쫀득하고 달짝지근한 맛이 몰려와 절로 웃음이 나왔답니다. 세월이 많이 흘렀지만 여전히 그때 물치항 오징어 회의 맛을 잊지 못해요.

부모가 되고는 제 아이에게도 같은 추억을 만들어주고 싶었답니다. 함께 속초에 가서 접시 가득 반짝이는 오징어 회의 쫄깃하고 달큼한 맛을 느끼게 해주고 싶었죠. 그런데 이제는 쉽지 않은 일이 되었어요. 동해를 가득 채우던 오징어 떼가 어디론가 사라져버렸기 때문이에요. 어획량이 줄어 귀해진 오징어는 이제 '금징어'로 불립니다. 만 원에 겨우 한 마리 정도라고 하니, '부담 없는 동해 오징어 회'도 옛말이 되어버린 거죠.

너무 따뜻해져버린 지구

- - - - - - - - - - - - - - - -

오징어는 왜 서식지를 옮기게 됐을까요. 기후변화로 지구의 표면 온도가 상승하면서 바닷물도 따뜻해졌기 때문입니다. 그렇다면 지구가 따뜻해지는 게 왜 문제일까요? 따뜻하다는 건 좋은 의미 아닌가요? 산업혁명 이전과 비교해 지구 평균기온이 1.1 ℃ 올랐다는 이야기를 기억할 거예요. 이런 수치만 보면 '따뜻하다' '지구온난화'라는 표현은 틀린 말은 아니지만,

우리의 언어감각과 관련해 기후변화의 실체를 교묘히 가리는 말이기도 해요. 상황을 제대로 반영한다면 차라리 '뜨겁다' 혹은 '지구 가열화'라는 표현이 더 적합할 겁니다.

보통 10℃, 환절기엔 20℃를 넘나드는 낮밤 일교차에 익숙한 우리는 1℃ 상승을 별것 아닌 걸로 여깁니다. 하지만 일교차와 지구 평균기온 상승은 완전히 다른 개념이에요. 물 1㎖의 온도를 1℃ 올리는 데 필요한 열에너지는 1cal(칼로리)입니다. 그렇다면 지구의 표면 온도를 1℃ 올리는 데는 얼마나 큰 에너지가 필요할까요? 정확히 계산하긴 어렵지만 지구의 질량이 5.9736×10^{24}kg(약 6섹스틸리언 톤) 정도임을 감안하면 문자 그대로 천문학적인 숫자가 나올 거예요. 지구를 1℃ 더 따뜻하게 만드는 게 얼마나 엄청나고 어려운 일인지 짐작할 수 있죠.

그 어려운 일을 해낸 것이 바로 '인간'입니다. 인류세는 46억 년에 이르는 지질시대 가운데 평균기온이 1℃ 오르는 데까지 걸린 기간이 가장 짧은 시기예요. 산업혁명 이후 지구 평균기온이 1℃ 오르기까지 대략 170년이 걸렸는데, 대부분의 기온 상승은 20세기 후반에 집중되었어요. 다시 말해 우리는 지구 역사상 기온이 가장 가파르게 상승하는 시대를 살고 있습니다. 오늘날 지구는 마지막 빙하기가 도래하기 이전인 12만5000년 전보다 더 따뜻한 상태예요. 심지어 IPCC 보고서는 2040년엔 산업혁명 이전과 비교해 지구 평균기온이 2℃ 이상 오른다고 전망합니다. 2℃! 이건 인류가 문명을 시작한 이래 '가장 따뜻한 지구'를 의미해요.

'가장 따뜻한 지구'는 미래에 대한 불확실성을 키웁니다. 생태계의 급변, 인류의 생존 위기, 나아가 여섯 번째 대멸종은 모두 평균기온 상승과 직결되어 있어요. 회복 탄력성을 상실한 지구가 얼마나 가혹한 환경일지는 짐작하기조차 어렵습니다.

지구의 기온은 온실가스, 특히 이산화탄소의 농도에 비례하는 경향을 보입니다. 대기에 녹아 있는 이산화탄소는 지구를 감싼 '담요'와 같은 역할을 해요. 열이 지구 밖으로 빠져나가지 못하게 막는 거죠. 이런 기능을 '온실효과'라고 합니다. 오해하지 말아야 할 것은, 담요 자체는 문제가 아니에요. 담요, 즉 대기 중 이산화탄소는 생명체가 사는 데 꼭 필요한 조건이에요. 지구가 '살기 좋은 행성'인 것은 이산화탄소 담요가 지구의 기온과 낮밤 일교차를 적절하게 유지시켜준 덕분이기도 합니다. 진짜 문제는 담요가 점점 두꺼워진다는 거예요! 경제·산업 활동으로 대기에 방출되는 이산화탄소가 증가하면서 필요 이상의 온실효과가 발생했다는 거죠.

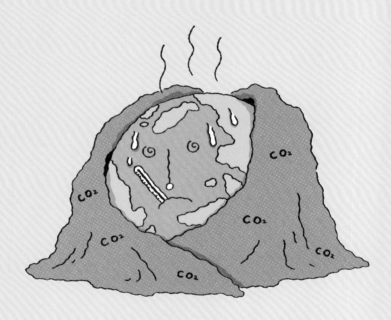

미국 하와이에는 마우나로아(Mauna Loa) 대기관측소가 있습니다. 하와이 섬 해발 3396m에 자리 잡은 이곳은 1958년 최초로 이산화탄소 농도를 측정한 관측소입니다. 고도가 높고 주변 대기가 깨끗한 데다가 적도 가까이 위치해서 이산화탄소 농도를 가장 예민하고 정확하게 재는 것으로 유명합니다. 같은 자리에서 장기간 계측한 덕분에 변화상을 분석하는 데도 안성맞춤이죠.

  마우나로아 관측소에서 대기 중 이산화탄소 농도를 처음 기록한 이는 화학자 찰스 킬링(Charles D. Keeling)이에요. 이후 이곳에서 측정된 이산화탄소 농도 변화 그래프에는 '킬링 곡선(Keeling Curve)'이란 이름이 붙었어요. 찰스 킬링은 서른 살이던 1958년부터 2005년까지 한평생 이 일에 매달렸고, 그의 사후엔 아들이자 지구화학자인 랠프 킬링(Ralph Keeling)이 물려받았습니다. 인위적 지구온난화의 가장 중요한 데이터가 이들 부자의 헌신에 힘입어 확보된 셈이죠.

  킬링 곡선은 매달 오르내리면서도 장기적으로 꾸준히 상승하고 있어요. 1958년에는 313ppm이던 것이 1988년부터는

350ppm을 넘어갑니다. 여기서 350ppm이란 수치는 지구온난화의 '한계선'으로서 중요한 의미를 지녀요. 수십만 년 전 북극 빙하가 처음 생성될 당시의 대기 중 이산화탄소 농도가 350ppm가량이거든요. '지구의 지붕'으로도 불리는 북극 빙하는 태양빛을 반사함으로써 지구의 기온을 조절합니다. 다시 말해 그런 북극 빙하가 녹지 않는 최후의 저지선이 350ppm이라는 뜻이죠.

그러나 이산화탄소의 양은 계속 늘어 2013년 400ppm을 넘어서고, 2023년엔 419ppm을 기록합니다. 증가세에도 가속이 붙었어요. 1950년대 말에는 연평균 0.7ppm씩 오르다가, 2000년대 들어서는 매년 2ppm 이상씩 올라가고 있어요. 이 추세를 막지 못해 대기 중 이산화탄소 농도가 450ppm에 이른다면 어떻게 될까요? 지구 평균기온이 2℃ 이상 상승합니다! 맞아요. 6차 대멸종이 본격화하는 거죠.

그러는 동안 여름에 녹은 북극 빙하가 겨울에 다시 얼지 않는 상황이 반복되고 있습니다. 과학자들은 2030년 북극 빙하의 소멸 가능성을 이야기하고 있어요. 그 바람에 북극곰은 서식지를 잃어가고, 북극의 냉기가 남하하는 것을 조절하는 제트기류✦가 느슨해지면서 각지에 극한 한파 또는 폭염이 닥쳤습니다. 북반구에 위치한 한국 역시 제트기류 변화의 영향을 받고 있어요.

남극 빙하도 사정은 비슷합니다. 2100년엔 남태평양의 투발루 섬이 사라진다는 이야기를 기억할 거예요. 바다 위의 얼음 덩어리인 북극과 달리, 대륙 위의 얼음인 남극 빙하의 해빙은 해수면 상승을 일으킵니다. 눈이 아닌 비가 내리는 날도 늘고 있어요. 그 바람에 남극의 평균기온은 올라간 반면, 비에 젖은 펭귄이 저체온증으로 죽는 역설이 벌어지고 있죠. 이처럼 이산화탄소 농도의 상승과 그에 따른 지구온난화는 전 지구에 예상치 못한 다양한 위협을 불러옵니다. 기온 상승의 파급 효과를 이야기하기 전에, 우선 이런 기후변화와 인간의 관계부터 알아보도록 해요.

✦　대기권 아랫부분인 대류권에서 나타나는 좁고 강한 편서풍을 가리킵니다. 극지방-적도 등 위도에 따른 기온차와 지구 자전의 영향으로 형성되는 바람이에요.

"기후변화는 100%
인간의 책임"

1990년부터 5~6년마다 발표하는 IPCC 평가보고서는 전 세계 기후변화 논의에서 가장 신뢰받는 자료입니다. 가장 최근에 발행된 2023년 6차 평가보고서에는 어떤 내용이 담겼을까요? 무엇보다 눈에 띄는 것은 '지구온난화는 전적으로 인류의 책임'이라는 분석입니다. 이는 IPCC의 역대 보고서 가운데 가장 단호한 입장이에요. 지난 30여 년간의 관찰과 연구 끝에

IPCC가 분석한 기후변화와 인간의 관계

연도	보고서	기후변화의 원인
1990	1차	지구온난화 현상이 관찰되지만, 인간의 영향인지 확신할 수 없다.
1995	2차	기후변화의 원인 중 하나는 인간의 영향일 가능성이 있다.
2001	3차	기후변화는 인간의 영향이 66% 이상이다.
2007	4차	기후변화는 인간의 영향이 90% 이상이다.
2013	5차	기후변화는 인간의 영향이 95% 이상이다.
2023	6차	기후변화는 전적으로 인간 활동이 초래한 문제다.

기후변화는 탄소가 포함된 자원을 과소비한 동시에 탄소를 흡수하는 지구환경을 파괴해버린 인간의 탓이라는 결론이 나온 겁니다.

산업혁명 이전과 비교한 평균기온 상승치 1.1℃ 역시 4차 보고서의 0.85℃보다 증가한 수치입니다. 이산화탄소 누적 배출량도 크게 늘었어요. 4차 보고서의 2조400억 톤보다 15% 이상 늘어난 2조4000억 톤에 달해요. 6차 보고서는 지속적 해수면 상승과 같은 문제는 수백 년 동안 되돌리기 힘들며, 평균기온 상승을 1.5℃ 이내로 막아낸다는 목표도 역부족이라는 비관적 전망을 내놨습니다.

과학자들은 오래전부터 기후변화를 감지하고 대책을 촉구해왔습니다. 그러나 각국 정부와 대표들은 정치적·경제적 이유로 적극적인 대응을 주저하고 있어요. 최강대국 미국에서는 기후변화와 그에 따른 위기를 '소설'로 치부하는 대통령까지 등장했죠.[+] 일반 시민 가운데서도 기후변화가 문제라는 걸 알면서도 지금까지의 생활 방식을 바꿀 만큼 절실한 위기로 받아들이는 경우는 소수입니다.

한국 정부는 2050년까지 탄소중립[++]을 달성한다는 목표를 세웠습니다. 이를 위해 우선 온실가스 배출량을 2030년까지 2018년(7억2700만 톤)의 40%로 감축한다는 계획인데요. 그러나 그 실현 가능성에는 물음표가 붙습니다. 국가의 에너지 정책과 산업 전 부문에서의 획기적 온실가스 감축은 물론 일상 영역에서 시민들의 각성이 필요한 과제인데, 변화는 더딘 반면 시간은 우리를 기다려주지 않기 때문이에요.

이렇듯 세계 각국에서 기후변화 저지를 위한 연구와 정책 개발과 호소를 거듭하고 있음에도 대기 중 온실가스 배출량은 증가하고 있습니다. 앞서도 소개했듯 IPCC는 앞으로 20년 안에 평균기온이 산업혁명 이전보다 2℃ 넘게 오를 것이라는 최악의 시나리오까지 제시하고 있어요. 물론 여러분이 청년으로 살아갈 지구의 환경이 그렇게 망가지도록 놔둘 수

[+] 2016년 도널드 트럼프 미국 대통령은 "기후변화는 중국이 지어낸 거짓말"이라며 전 세계 195개국이 참여한 국제기후변화협약인 파리협정 탈퇴를 대선 공약으로 내걸었고, 실제 행동으로 옮겼습니다.

[++] 인간에 의한 온실가스 배출량을 줄이고 흡수량은 늘려 대기 중 온실가스의 순배출량이 '0'이 되는 상태를 가리킵니다.

는 없어요. 지금 당장 브레이크를 걸어야 합니다.

80년 만의 홍수,
100년 만의 산불

자연재해는 태풍이나 홍수, 호우, 폭풍, 해일, 폭설, 가뭄, 지진 등으로 발생하는 인명·재산 피해를 말합니다. 천재지변이라고도 하죠. 문명이 발달한 현대사회에서도 이런 자연재해를 막을 순 없기에 피해를 최소화하는 예측·복구 대책에 힘써왔습니다. 그런데 이렇게 오랜 세월 쌓아온 대응 매뉴얼마저 무력화하는 극심한 자연재해가 점점 늘고 있어요.

유엔에서는 세계 각지의 천재지변을 20년 간격으로 집계·분석합니다. 이를 바탕으로 펴낸 〈2000~2019년 세계 재해 보고서〉에 따르면 해당 기간에 발생한 자연재해는 7348건, 40억 명이 피해를 입었어요. 앞선 20년(1980~1999년) 동안 4212건의 자연재해가 발생했으니 1.7배 증가한 것입니다.

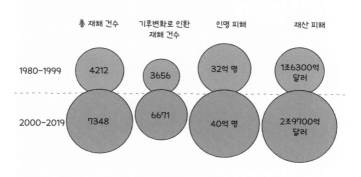

세계의 재해 통계

	총 재해 건수	기후변화로 인한 재해 건수	인명 피해	재산 피해
1980~1999	4212	3656	32억 명	1조6300억 달러
2000~2019	7348	6671	40억 명	2조9700억 달러

　빈번한 자연재해의 원인은 기후변화입니다. 전체 7348 건 가운데 기후변화와 관련된 재해는 무려 6671건이에요. 1980~1999년엔 얼마나 될까요? 3656건입니다. 비중이 늘었죠. 기후변화가 본격화할수록 이 수치도 증가할 겁니다.

　2022년 8월, 서울시 남부 지역에 홍수가 발생했습니다. 시간당 100mm가 넘는 '80년 만의 기록적 폭우'가 좁은 지역에 집중되었어요. 동작구에는 하루에만 382mm가 내렸다고 해요. 서울의 8월 평균 강수량이 348mm이니, 한 달 동안 내릴

비가 하루에 다 쏟아진 셈이죠.

갑자기 불어난 물에 도로가 잠기면서 재난영화에서나 볼 법한 아수라장이 펼쳐졌습니다. 퇴근길에 난데없이 물난리를 만난 시민들은 차를 버리고 대피했고, 주택과 빌딩 곳곳이 침수되고 정전 사고도 잇따랐어요. 엘리베이터가 멈춘 한 아파트의 주민들은 며칠 동안 20층 이상을 걸어서 오르내려야 했습니다. 빗물을 흡수할 수 없는 아스팔트와 콘크리트 건물로 뒤덮인 서울의 도시 구조도 문제였지만, 무엇보다 큰 원인은 기후변화로 국지성 호우가 잦아진 데 있어요.

그런 반면, 2023년 미국 하와이에서는 대규모 산불이 일어나 100여 명의 목숨을 앗아갔습니다. 19세기 하와이 왕국의 수도이자 세계적 관광지인 라하이나 마을이 잿더미로 변했어요. 미국에서 이렇게 큰 산불 피해가 발생한 건 1918년 이후 처음이라고 해요.

물론 산불은 언제든 발생할 수 있는 자연재해입니다. 건조한 날씨가 계속되면 낙뢰나 자연스럽게 발생하는 작은 정전

기도 큰불로 번지곤 하죠. 2023년 하와이 산불은 강풍에 쓰러진 나무가 전선을 건드리며 시작됐어요. 여느 때라면 작은 사고로 끝났을지도 몰라요. 하와이는 고온다습한 열대기후로 유명하니까요. 그런데 당시 그 일대는 가뭄으로 고온건조한 날씨가 이어지고 있었습니다. 기후변화의 영향이었죠. 바싹 마른 풀과 나무가 비극의 불쏘시개가 된 셈입니다.

하와이뿐 아니에요. 2023년은 전 세계가 대형 산불로 고통받은 한 해였어요. 특히 캐나다와 그리스의 피해가 컸습니다. 비상사태가 선포되고 이웃나라 소방관까지 투입하며 불길을 잡으려고 애썼지만 역부족이었죠. 유럽연합(EU)과 캐나다 정부는 두 산불을 각각 "EU 역사상 최대 규모의 산불" "캐나다 역사상 가장 심각한 산불"이라고 평가했습니다. 또한 하나같이 기상이변에 따른 건조한 날씨를 원인으로 지목했죠. 이처럼 세계 각지에서 통제 불능의 산불이 일어나고 있습니다. 작은 불씨를 산불로 키운 게 기후변화라면 '자연재해'가 아닌 인간이 초래한 '사건'이라고 불러야 하지 않을까요?

지구를 살리는 과학기술

이산화탄소 사냥꾼
– 탄소포집활용저장 기술

이렇듯 지구온난화가 갈수록 심각해지자 과학자들은 온실가스의 대표 주자인 이산화탄소만 따로 모아 처리하는 방법을 궁리하게 됩니다. 이른바 탄소포집활용·저장(CCUS, Carbon Capture–Utilization–Storage) 기술인데요. '탄소포집'이란 대기 중 이산화탄소를 골라 채집하는 기술을 가리켜요. '탄소 사냥'이라고도 하죠. 나아가 이렇게 사냥한 탄소를 땅속 깊은 곳 또는 바다 밑에 저장하거나 재활용하는 기술이 지구온난화를 막는 방안으로 각광받고 있습니다. 각각 탄소포집활용(CCU) 기술, 탄소포집저장(CCS) 기술로 나눠서 표현하기도 해요. 한국 정부도 2050년까지 탄소중립을 달성하기 위해 CCUS 기술을 활용할 계획입니다. 산업구조와 생활습관을 바꾸는 것만으로는 탄소 배출을 충분히 줄이지 못하기 때문에 보다 적극적으로 대기 중의 탄소를 사냥한다는 방침을 세운 거죠.

2022년 한 해 동안 인간이 배출한 이산화탄소는 368억 톤이에요. 특히 화석연료를 태워 전기를 생산하는 발전소의 비중이 큽니다. 이곳에서는 이미 탄소포집 기술이 활용되고 있어요. 간단히 살펴볼까요? 발전소에서 배출하는 배기가스 관에 이산화탄소를 빨아들이는 흡수제를 넣습니다. 가장 많이 사용하는 건 '아민(amine)'이라는 액체예요. 이산화탄소를 한껏 머금은 아민 용액을 가열하면 용해도*가 떨어지면서 이산화탄소가 분리되는 원리입니다.

이미 대기로 배출된 이산화탄소를 골라내는 기술도 있습니다. 필터나 흡수제가 포함된 거대한 여과장치를 활용하는 기술로 DAC(Direct Air Capture)라고 부릅니다. 2021년 아이슬란드에서 처음 실용화된 이후 18개의 DAC 시설이 가동되고 있어요. 이산화탄소 포집량은 연간 8000톤(2022년 기준) 정도로 아직은 미미하지만, 탄소포집의 범위와 가능성을 크게 넓혔다는 점에서 많은 기대를 받고 있습니다.

✦   물질이 용매(액체)에 녹을 수 있는 정도를 뜻합니다. 온도가 높아질수록 고체의 용해도는 증가하고, 기체의 용해도는 감소해요. 따뜻한 곳에 놔둔 탄산음료의 김이 금세 빠져버리는 것과 같은 원리죠.

포집한 이산화탄소를 안전하게 저장하는 기술도 중요해요. 무엇보다 누출 위험이 적은 보관 장소를 확보하는 게 우선이겠죠. 특히 채굴이 끝난 유전·가스전이 각광받습니다. 매립 공간이 넉넉하고, 상부에 단단한 덮개암이 존재해 입구를 밀봉하기도 좋기 때문이죠. 일찍이 온실가스 감축에 관심을 기울여온 노르웨이는 1990년대부터 북해 슬라이프너 유전에서 발생한 이산화탄소를 포집해 해저에 매립하는 사업을

시작했습니다. '슬라이프너 프로젝트'로 명명된 이 사업은 해마다 100만 톤의 이산화탄소를 처리하며 CCUS 기술의 선구자로 평가받고 있답니다.

덴마크도 인근 해저 유전에 이산화탄소 저장고를 만들고 '그린샌드 프로젝트'를 시작했습니다. 이를 통해 매년 150만 톤의 이산화탄소를 저장하며, 2030년부터는 연간 처리용량을 800만 톤까지 늘릴 계획이에요. 한국에서도 동해 가스전을 이산화탄소 저장고로 삼은 온실가스 감축 사업이 추진되고 있어요. 2021년 채굴을 완료한 동해 가스전은 해마다 120만 톤의 이산화탄소를 저장할 수 있다고 해요.

탄소포집활용저장 기술은 대기 중 이산화탄소를 얼마큼 줄이고 있을까요? 2022년 기준 전 세계에서 운영·추진 중인 CCUS 프로젝트는 196개이고, 한 해 2억4390만 톤가량의 이산화탄소를 처리한다고 해요. 그런데 같은 해 배출된 이산화탄소의 총량은 368억 톤입니다. CCUS 프로젝트로 감축하는 비중은 0.6%에 불과하죠. 냉정하게 볼 때, 탄소포집활용저장 기술의 효과는 지구온난화를 막기엔 너무 미미합니다.

이렇게 기대에 한참 못 미치지만, 이 기술을 발전시켜야 할 이유는 분명해요. 인류의 생존을 위해서죠. 대기 중 온실가스가 너무도 가파르게 증가하고 있습니다. 이산화탄소를 배출하지 않는 게 최선이지만, 이미 배출된 탄소를 붙잡는 일도 병행해야 해요. 기후변화의 가속을 조금이라도 막아내야 하니까요.

지구의 해열제?
_ 태양광 지구공학 기술

햇볕이 내리쬐는 한낮, 양산을 펼치면 한결 견딜 만하죠? 태양이 뿜어낸 열과 빛을 가린 덕분이에요. 이와 같은 원리로 태양광을 막아 지구의 평균기온을 낮추려는 시도가 있습니다. 물론 이 거대한 지구에 양산을 씌울 수는 없겠죠. 그렇다면 눈에 보이지 않을 만큼 미세한 양산을 무수히 만들어 하늘로 쏘아 올리면 어떨까요? 이른바 태양광 지구공학 기술입니다.

공기 중의 먼지는 햇빛을 차단하는 효과가 있습니다. 실제로 필리핀의 피나투보 화산이나 인도네시아 크라카타우 화

산이 폭발한 뒤에 지구의 온도가 0.2~1.2℃까지 내려갔다고
해요. 화산재가 햇빛을 막아 벌어진 일이죠. 이에 태양광 지
구공학자들은 먼지처럼 입자가 작은 에어로졸(aerosol)✦이나
몇몇 화학물질을 지구의 양산으로 이용하는 연구를 진행해
왔어요. 이 물질을 주입한 풍선을 하늘로 띄워 올린 뒤 특정
고도에서 퍼뜨린다는 계획이죠.

이론대로라면 태양광 지구공학 기술은 단기간에 지구의
온도를 떨어뜨릴 수 있는 몇 안 되는 방안입니다. 기후변화를
막을 시간은 점점 줄고 있어요. 이 기술이 상용화된다면 위급
한 상황에서 지구의 해열제가 될 수 있을 거예요.

그러나 좋은 의도가 반드시 좋은 결과를 보장하지는 않아
요. 2022년 미국에선 한 기업이 이산화황(SO_2)을 채운 헬륨
풍선을 성층권까지 보낸 사실이 알려지면서 논란이 일었습
니다. 대량의 이산화황이 대기에 어떤 변화를 일으킬지 알 수

✦　'연무질'이라고도 해요. 공기 중에 떠다니는 미세한 고체·액체 입자를
　　가리킵니다. 우리가 스프레이(분무기)에 넣어 사용하는 화장품, 소독제,
　　살충제 등이 대표적 에어로졸입니다.

없기 때문인데요. 이렇듯 실험실 바깥에서 진행되는 실험은 신중해야 합니다.

지구의 생태계는 다양한 요소가 서로 영향을 주고받으며 순환합니다. 인위적으로 대기에 화학 물질을 대량으로 살포하는 건 어떤 식으로든 부작용을 일으키기 마련이에요. 지구 온난화가 인간이 배출한 이산화탄소 때문에 생긴 문제이듯

말이죠. 만에 하나라도 날씨나 농업 등에 문제가 생긴다면 태양광 지구공학 기술은 또 다른 재앙이 될지도 몰라요. 한편에선 이 기술이 주목받을수록 도덕적 해이가 일어날 거라는 우려도 있어요. 기후변화의 근본적 해법은 온실가스를 배출하지 않는 것인데, 얼핏 간단해 보이는 태양광 지구공학식 처방은 전 세계가 동참해야 할 온실가스 감축 노력에 찬물을 끼얹을 수 있다는 겁니다.

태양광 지구공학 기술의 앞날은 아직 미지수입니다. 지구온난화의 해열제가 될 수도 있지만, 의도와 무관하게 또 다른 문제를 일으킬 수도 있겠죠. 단기적·장기적 효과가 반대로 나타날 수도 있고요. 따라서 우리의 터전인 지구에 미칠 영향을 신중하게 따져가며 이 기술의 미래를 지켜봐야겠습니다.

과거의 지구가 남긴 타임캡슐
_ 극지방 빙하 시추

티핑 포인트(tipping point)라는 말이 있어요. '튀어 오르는 지점'이라는 뜻인데요. 겉보기엔 잠잠하지만 작은 변수들이 차

곡차곡 쌓인 상태로, 자그마한 계기만 주어지면 폭발적인 변화가 일어나는 시작점을 의미합니다. 그렇다면 기후변화 문제에서 티핑 포인트는 무엇일까요? 무엇보다 지구 생태계가 회복 불가능한 상태로 급변하는 지점을 들 수 있을 거예요. 산업혁명기 대비 평균기온 상승 한계 1.5℃, 그리고 북극 빙하의 해빙과 관련된 대기 중 이산화탄소 농도 350ppm 등이죠.

이런 기후변화의 티핑 포인트는 어떻게 알 수 있을까요? 답은 지질시대, 즉 지구의 역사에 있습니다. 과거 지구의 환경이 왜, 어떻게 변화했는지 되짚어봄으로써 미래를 내다보는 것이죠. 그런데 문제가 있어요. 지구의 역사는 46억 년에 이르는 반면 인류의 역사는 수천 년에 불과하다는 거예요. 대기 중 이산화탄소 농도만 해도, 이를 측정하기 시작한 것은 70년도 채 되지 않습니다. 이렇듯 기록되지 않은 지구의 과거를 알기 위해 많은 기후과학자가 주목하는 것은 빙하입니다.

빙하에는 '과거의 지구'가 잠들어 있습니다. 특히 빙하 깊은 곳에 갇힌 공기 방울은 수십만 년 전의 지구환경이 기록된 '타임캡슐'이에요. 어째서일까요? 남극과 북극에서는 한여름에도 눈이 녹지 않고 계속 쌓입니다. 먼저 내린 눈 위에 새로운 눈이 쌓이면서 단단한 얼음층이 만들어지죠. 빙하는 이런 과정이 수백 수천 수만 년 이상 반복하며 형성된 거대한 얼음 지형이고, 층층마다 그때 당시의 공기 방울이 촘촘히 박혀 있습니다. 따라서 빙하의 깊은 곳일수록 더 오래된 지구의 대기 상태를 알 수 있죠. 이를 위해 빙하에 구멍을 낸 다음 작은 원기둥 형태로 뽑아 올리는데요. 이 작업을 '시추'라고 합니다.

남극 빙하의 깊이는 평균 2km, 최대 4.8km에 이릅니다. 1999년 보스토크 기지[*] 대원들이 시추한 빙하에는 무려 42만 년 전의 이산화탄소 농도를 비롯해 다양한 기후 정보가 담겨 있었습니다. 간빙기, 즉 빙하기와 빙하기 사이의 따뜻한 시기가 10만 년 주기로 찾아온다는 것도 알아냈죠. 또한 신생대 홀로세 간빙기(약 1만 5000년 전~현재)는 그 이전의 간빙기와 달리 온난한 기후가 안정적으로 유지되었다는 사실도 밝

---

[*] 1957년 건설된 러시아의 남극 기지입니다. 남극점 근처에 자리한 기지 일대의 연 평균기온은 -55℃가량인데, 1983년엔 무려 -89.2℃를 기록하며 '지구에서 가장 추운 곳'으로 알려졌습니다. 당시 체감 기온은 -100℃ 아래였다고 해요.

혀냈어요. 그 덕분에 인류 문명이 발전할 수 있었던 거죠.

　　과학자들은 가장 오래된 빙하층이 잠든 남극 내륙을 탐험하고 있습니다. 더욱더 오래된 지구의 대기를 분석하기 위해서죠. 2005년 프랑스와 이탈리아가 함께 운영하는 콩코르디아 기지에서는 80만 년 전의 기후 정보를 알아내는 데 성공했습니다. 프랑스–이탈리아뿐만 아니라 내륙 과학기지를 보유한 미국과 중국, 일본, 러시아도 100만 년 전 빙하 시추에 도전하고 있어요. 한국은 남극 연안에 세종·장보고 기지를 운영해오고 있는데요. 2030년까지 세계 여섯 번째로 내륙 기지를 구축해 이 대열에 동참할 예정입니다. 극한의 환경에서 극한의 도전을 이어가는 과학자들에 힘입어 세계는 기후변화의 실체에 한발 더 다가서고 있습니다.

에너지
위기

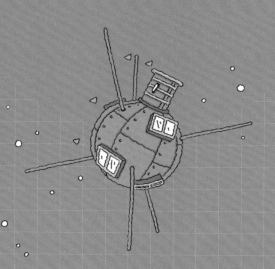

3

초등학생 시절, 우리 집엔 '코란도'라는 지프차(요즘 말로는 SUV라고 하죠)가 있었어요. 디젤엔진이 달린 경유차였죠. 군용 자동차처럼 뒷좌석이 11자로 배치된 독특한 형태인데, 그 자리는 늘 남동생과 저의 지정석이었답니다. 그 차를 타고 우리 가족은 강원도 여행을 자주 다녔어요. 도로 사정이 좋지 않은 1990년대, 거기다 디젤엔진 특유의 덜덜거리는 진동과 소음 때문에 곧잘 멀미에 시달렸죠. 그럼에도 가족들과 함께였기에 늘 행복했고, 그 시간을 함께한 자동차에 애틋함이 있습니다. 저녁이 되면 저 멀리부터 코란도의 엔진 소리가 아빠의 퇴근을 알려주곤 했죠. 미리 달려 나가 현관 옆에 숨어서 막 들어오시는 아빠를 놀래 주던 기억도 나네요. 저와 비슷한 추억을 가진 이들 가운덴 그런 진동과 소음을 경유차의 낭만이자 매력으로 여기는 경우가 적잖을 거예요.

그런데 언제부턴가 경유차를 대하는 분위기가 많이 바뀌었어요. 무엇보다 환경오염의 주범이라는 딱지가 붙었습니다. 나온 지 오래된 경유차는 오염물질을 많이 배출한다는 이유로 세금(환경부담금)도 내야 해요. 제게 경유차가 좋은 기억으로 남은 건 그때만 해도 온실가스 배출에 대한 문제의식이 없었기 때문이기도 해요. 이렇듯 기후변화가 본격화하면서 환경오염물질 배출 여부는 자동차를 고를 때 중요한 기준이 되었습니다.

경유가 휘발유보다 저렴한 연료라는 것도 옛말이에요. 한국에서는 경유를 생산·운송 등에 사용되는 산업용 연료로 취급해 오랫동안 싸게 공급해왔습니다. 실제로 제가 열 살이던 1992년의 경유 가격(리터당 198원)은 휘발유(리터당 555원)의 절반에도 못 미쳤어요. 그런데 2000년대 이후 격차가 서서히 줄어들더니 2020년대 들어선 휘발유 값과 차이가 없거나 경유가 더 비싼 경우도 생기고 있어요. 경유를 포함한 국제 유가가 크게 오른 데다가, 오염물질을 배출하는 연료라는 인식이 커지면서 경유에 적용되던 혜택이 줄어들었기 때문입니다.

이런 변화 덕분일까요? 경유차는 해마다 수십만 대씩 줄어드는 반면 친환경(전기·하이브리드·수소) 자동차는 빠르게 늘고 있습니다. 2023년 말 기준 한국에 등록된 친환경자동차는 총 216만대 정도인데, 이는 전년 대비 35% 가까이 증가한 수치예요. 물론 절대적 숫자로만 보면 아직 갈 길이 멉니다. 2600만 대의 자동차 가운데 경유차는 950만 대로 36%를 차지하는 데 비해 친환경자동차는 8%에 불과하니까 말이에요.

어린 시절의 추억부터 시작해 자동차 이야기를 길게 했는데요. 이번 장에서 다룰 주제는 자동차가 많이 사용하는 '에너지'와 관련이 깊습니다. 특히 석유 등 화석연료에 의존해온 우리의 삶과 사회에 대해 생각해보는 시간이 되었으면 해요.

탄소 경제의 그늘

노르웨이의 지구과학자 호프 자런(Hope Jahren)은 저서 《나는 풍요로웠고, 지구는 달라졌다》에서 "지난 50년은 더 많은 차, 더 잦은 운전, 더 많은 전기, 더 많은 생산으로 대표되는 풍요의 시대였다"라고 평가합니다. 사실 우리 주변을 둘러보면 부족한 게 없습니다. 어디든 먹을거리가 풍족하죠. 자동차며 지하철, 스마트폰과 컴퓨터, 엘리베이터, 냉난방기 등의 생활편의 시설도 잘 갖춰놓았어요. 경제위기나 불황을 걱정하는 목소리도 여전하지만, 현재가 인류 역사상 가장 풍요로운 시대라는 평가에 반박하기는 쉽지 않아요.

그런 풍요의 시대에서 40여 년을 살아온 저는 우리 사회가 더 많이 소비하고, 더 많은 것을 갖기 위해 경쟁해왔다고 생각해요. 모두가 좋은 대학에 입학하고, 좋은 회사에 취직하기 위해 전력 질주했죠. 목표 달성을 위해 모든 자원을 아낌없이 쏟아 붓는 게 당연한 분위기였어요. 지구환경은 발전의 도구이거나, 발전을 위해 파괴되어도 어쩔 수 없는 것으로 취급되었답니다.

다른 나라도 마찬가지예요. 산업혁명 이후 세계는 전에 없던 경제성장과 그에 따른 윤택한 생활을 누려왔습니다. 성장의 그늘에서 서서히 퍼져나간 기후변화엔 무심했거나 애써 눈 감아버렸죠. 그사이 기후변화는 지구와 우리 인간의 생존을 위협할 정도로 몸집을 불렸습니다. 이 위기에서 벗어나려면 풍요의 시대를 끝내고 산업시대 이전의 삶으로 돌아가야 한다는 주장까지 나올 정도로요.

지구에 살고 있는 80억 명의 인간은 얼마큼의 화석연료를 사용할까요? 화석연료는 각 지질시대의 생물이 땅에 묻히고 오랜 시간이 지나 화석화된 에너지원을 말합니다. 석탄과 석유, 천연가스가 대표적이죠. 앞서 이야기한 경유도 석유에서 추출한 화석연료입니다. 2023년 기준 세계 에너지 소비량은 1만5000Mtoe(메가티오이)✦예요. 가장 많은 에너지를 소비하는 나라는 중국이고 그 다음은 미국, 인도, 러시아, 일본 순이에요. 한국은 총 소비량에서는 10위권이지만, 1인당 소비량을

✦ 석유환산톤(toe)은 1톤의 석유가 가진 에너지의 양을 의미합니다. 1toe는 7Gcal(기가칼로리)와 같다고 해요. Mtoe는 100만 톤당 에너지양입니다.

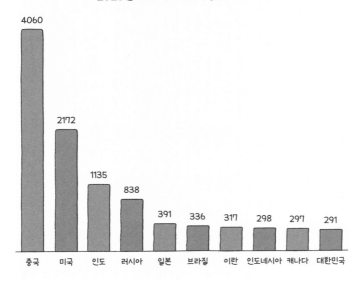

따져보면 앞선 나라들에 뒤지지 않습니다.

세계 에너지 소비량은 해마다 증가하고 있어요. 세계에너지통계(Enerdata)에서는 "2023년 세계 에너지 소비 증가율은 2.3%로, 이는 2010~2019년 연평균 증가율(1.5%)보다 훨씬 높다"라고 지적합니다. 2020년대 들어 탄소배출 규제와 에너지 절감, 재생에너지로의 전환을 외치는 목소리가 커졌음에도 실제 에너지 소비는 여전히 늘고 있다는 뜻이죠.

한편 영국의 에너지연구소가 발표한 〈세계 에너지 통계 리뷰〉에 따르면 세계 에너지 소비량 가운데 화석연료의 비중은 82%(2022년 기준)에 달해요. 화석연료는 에너지 효율이 좋습니다. 같은 질량으로 더 많은 에너지를 낼 수 있다는 뜻이죠. 따라서 산업혁명 이후 급증한 인구, 그리고 공장 가동과 상품 운송에 필요한 에너지를 공급하는 데 화석연료만 한 게 없었죠. 우리는 여전히 화석연료를 사용해 불을 밝히고, 공장을 돌리고, 자동차를 굴립니다.

이렇게 좋은 화석연료가 왜 문제일까요? 탄소(C)를 갖고 있기 때문이에요. 에너지를 만들어내기 위해 화석연료를 태우면 이 탄소가 공기 중의 산소(O_2)와 결합합니다. 맞아요. 이산화탄소(CO_2)가 생성되는 거죠. 현재 대기로 배출되는 온실가스의 85% 정도가 화석연료에서 발생합니다.

온실효과가 가장 큰 기체는 메테인(메탄, CH_4)이에요. 천연가스·석탄가스의 주성분이자, 반추동물(소·양·염소 등 되새김질 하는 초식동물)이 많이 방출하는 메테인은 이산화탄소보다 80 배 정도 강력한 온실효과를 낸다고 해요. 그런데도 메테인보다 이산화탄소를 더 문제 삼는 까닭은 무엇일까요? 두 기체가 분해되는 정도가 다르기 때문이에요.

대기 중에 배출된 메테인의 80%는 20년 내에 자연 분해됩니다. 40년 후에는 대부분 사라져요. 반면 화학적으로 훨씬 안정적인 이산화탄소는 자연에서 분해되지 않아요. 숲과 바다에 흡수될 뿐이죠. 한번 배출된 이산화탄소는 40년이 지나도 50%가 대기 중에 남습니다. 20%는 1만 년이 지나도 사라지지 않는다고 해요.

금성은 태양계에서 대기 중 이산화탄소 농도가 가장 높은 행성이에요. 대기의 96% 이상을 이산화탄소가 차지하죠. 이 때문에 금성의 표면 온도는 평균 457℃에 달해요. 세계적 천문학자이자 《코스모스》의 저자인 칼 세이건(Carl Sagan, 1934~1996)은 두꺼운 이산화탄소 담요로 달궈진 금성을 '지옥'이라 칭했어요. 그러면서 "현재 금성의 표면이 처한 상황을 보고 있노라면, 우리는 엄청난 규모의 재앙이 지구의 위치에서도 일어날 수 있다는 경고의 메시지를 읽게 된다"라고 말합니다. 금성의 사례를 통해 지구의 기후변화와 미래를 걱정한 거예요. 생전의 세이건은 지구는 작고 연약한 세계이니 소중히 다뤄야 한다는 당부도 남겼어요. 그런데 우리는 그의 말을 지키지도, 상황의 심각성을 깨닫지도 못하고 있습니다.

화석연료는 연소되면서 이산화탄소 같은 탄소화합물뿐만 아니라 질소산화물(NO_x)과 황산화물(SO_x)도 배출해요. 대기에 퍼진 이 물질들이 빗물에 녹아들면 산성비가 됩니다. 산성비는 피부에 해를 끼치는 등 동식물의 건강을 위협하죠. 토양과 물을 산성화하고 건축물을 부식시키는 걸로도 악명 높습니다. 질소산화물과 황산화물은 미세먼지와 대기오염의 주범이기도 해요.

우리는 매일매일 화석연료를 태우며 살아갑니다. 한여름의 필수품 에어컨만 해도 그래요. 대부분 화석연료를 태워 만든 전기 에너지로 제작되고, 또 작동합니다. 기후변화로 늘어난 폭염에 별 수 없이 에어컨 바람을 쐬지만, 그 때문에 기후변화는 더욱 심해지고 있습니다. 언젠가부터 에어컨을 사용할 때마다 '지구에 못할 짓을 하는 것 같다'는 죄책감이 들곤 해요.✦

자동차 없는 일상도 상상하기 어렵습니다. 저와 여러분을 학교로, 직장으로, 집으로, 여행지로 빠르고 편안하게 실어다 주는 자동차는 대부분 휘발유나 경유로 굴러가죠. 한국에만 2600만 대, 전 세계엔 무려 15억 대의 자동차가 있다고 해요. 자동차 15억 대가 매일 지구 곳곳에서 뿜어내는 온실가스! 지구가 하소연할 만하지 않나요?

지금까지 화석연료를 태워서 돌아가는 편리한 세상, 즉 '탄소경제'의 그늘에 대해 살펴봤습니다. 화석연료에 의존하는 세상에서는 편리함을 추구할수록 더 많은 온실가스가 대기 중으로 퍼지게 되죠. 우리는 더 이상 이 일을 무심하게 여겨서는 안 됩니다.

✦   이산화탄소에 가려져 있지만, 에어컨의 냉매로 쓰이는 온실가스인 수소불화탄소(HFCs)도 문제가 심각합니다. 알고 보면 이산화탄소보다 1900~2000배 강력한 온실효과를 낸다고 해요.

걸음이 더딘 재생에너지 발전

이러한 탄소경제의 대안으로 주목받아온 분야가 있어요. 온실가스·오염물질 배출 우려가 없거나 덜한 '대체에너지'입니다. 한국에서는 '신재생에너지'라고 하는데요. 이 말은 '신에너지'와 '재생에너지'를 합친 표현이에요. 신에너지는 기존 자원에 새로운 기술을 적용한 에너지로 수소 에너지, 연료전지, 액화·가스화 석탄 등이 있습니다. 재생에너지는 말 그대로 재생이 가능한 에너지로 태양광, 태양열, 지열, 수력, 풍력 등과 생물체에서 연료를 생산하는 바이오 등이 있어요. 이 중에서 온실가스를 전혀 배출하지 않는 재생에너지가 더욱 각광받고 있습니다.✦

재생에너지의 또 다른 장점은 고갈될 염려가 없다는 점이에요. 태양광·태양열 발전의 원료인 태양의 빛과 열은 무한한 에너지원이죠. 수력발전의 원료인 물은 끊임없이 순환하

✦   신에너지 가운데 물을 전기분해해서 수소를 얻어내는 것도 재생에너지와
    함께 주목받고 있어요. 화석연료에서 추출하는 다른 수소 에너지와 달리
    달리 온실가스가 발생하지 않기 때문에 '그린 수소'라고도 불립니다.

며 채워지고, 바람 또한 마찬가지입니다. 화석연료에 비해 전 지구에 고르게 분포돼 있다는 것도 빼놓을 수 없는 장점이죠. 다만 아직까지는 초기 투자비용이 크고 에너지 발생 효율이 떨어진다는 평가를 받습니다. 화석연료를 완전히 대체하기까지는 갈 길이 먼 셈이죠.

2023년 전 세계의 발전량에서 재생에너지가 차지하는 비율이 처음으로 30%를 넘어섰습니다. 특히 태양광과 풍력발전이 크게 늘었다고 해요. 반면 한국의 재생에너지 발전 비율은 9%로 세계적 흐름에 크게 뒤처지는 것으로 나타났습니다.[4] 아무래도 기후변화를 막기 위해선 한국이 지금보다 분발해야겠죠?

재생에너지 기술을 선도하는 나라는 미국과 중국이에요. 두 나라 역시 태양광발전의 증가가 눈에 띕니다. 태양광발전에 필요한 태양전지판의 가격이 떨어지면서 미국, 중국, 독일, 호주는 '그리드 패리티(grid-parity)'를 달성했어요. 그리드 패리티란 재생에너지 발전 단가가 점점 내려가서 석유·석탄 등을 이용한 화력발전 단가와 동일해지는 시점을 말합니다. 다

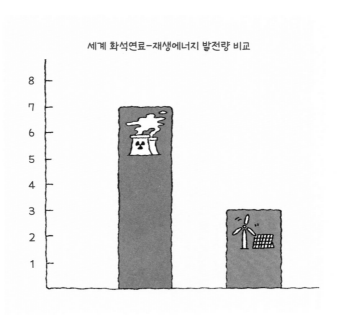

세계 화석연료-재생에너지 발전량 비교

시 말해 그리드 패리티 이후에는 태양광발전이 기존의 화력 발전보다 경제적이란 얘기죠.

이처럼 비용은 꾸준히 내려가는데도 재생에너지로의 전환은 왜 거북이 걸음일까요? 가장 큰 이유는 변화를 주저하는 습관, 즉 타성(惰性)에 있어요. 현대사회가 화석연료를 에너지로 삼아 돌아가고 있고, 사람들도 그런 생활에 익숙하기 때문이죠. 예컨대 한국에도 재생에너지로 전력을 생산하는 업체들이 있지만, 이들과 거래하는 기업이나 공장은 많지 않습니다. 재생에너지 전기요금이 다소 떨어졌다고 해도 굳이 기존에 이용하던 (대부분 화력·원자력발전으로 만든) 전력망을 바꿔야 할 필요성을 느끼지 않는 것이죠.

화석연료에 의존하는 건 시민들도 마찬가지예요. 기후변화를 막자고 덥거나 추운 날 냉난방 기기 사용을 줄이는 데 동참할 사람이 얼마나 될까요. 친환경자동차의 판매 부진도 같은 맥락입니다. 자동차는 값비쌀뿐더러 평균 15년 이상 사용하는 물건이죠. 그런 상품을 고를 때, 사람들은 익숙하지 않은 친환경자동차보다는 기름을 사용하는 기존 내연기관 자동차에 더 안정감을 느끼는 경향이 있습니다.

화석연료로 이득을 얻는 기업이나 집단도 재생에너지 산업의 걸림돌입니다. 해마다 발표되는 세계 기업 순위를 보면 애플, 마이크로소프트, 아마존 등 우리에게 친숙한 기업들과 나란히 등장하는 이름들이 있습니다. 엑슨모빌, 쉐브론, 걸프

오일… 전 세계에 석유와 석탄, 천연가스를 공급하는 거대 에너지 기업들이에요. 한국에서도 정유회사는 대부분 대기업 소유이고, 국가 경제에 큰 영향력을 행사합니다. 이들 기업 입장에서는 온실가스를 문제 삼거나 재생에너지가 주목받는 게 달갑지 않을 거예요. 화석연료 수요가 줄어들기 때문이죠.

'기후변화는 거짓말'이라는 주장을 여러분도 들어봤을 거예요. 우리는 그런 주장이야말로 거짓이라는 걸 잘 압니다. 그럼에도 그 말에 동조하는 여론이 여전히 적지 않고, 심지어 미국에선 대통령이 나서서 기후변화를 가짜라고 말하곤 했죠. 이들은 대개 탄소경제에서 성공과 이득을 거둬온 기업과 집단입니다. 지구의 운명엔 아랑곳없이 불필요한 논쟁을 부추겨 재생에너지의 성장을 가로막고 있는 것이죠.

마지막으로 한국의 재생에너지 산업을 가로막는 요소를 하나 들자면 상대적으로 너무 저렴한 전기요금입니다. 재생에너지가 발달한 나라들을 보면 대부분 한국보다 전기요금이 비싸요. 2023년 기준 한국의 주택용 전기요금 기본단가는 1kWh(킬로와트시)당 140원 정도예요. 반면 그리드 패리티를 달성한 독일은 0.42달러(약 570원)로 한국의 4배에 달해요. 이웃나라 일본과 비교해도 40% 수준에 불과하죠. 전기요금이 저렴한 게 왜 문제가 될까요? 우선 태양광발전 등 재생에너지의 그리드 패리티 달성이 어려워집니다. 그만큼 재생에너지로의 전환이 늦춰지는 거죠. 더 큰 문제는 저렴한 요금이 전력 낭비로 연결된다는 겁니다. 실제 한국의 1인당 전력소비량은 세계에서 다섯 손가락 안에 든다고 해요. 따라서 쉬운일은 아니지만, 한국의 전기요금을 다른 나라 수준으로 인상할 필요가 있습니다. 재생에너지로의 전환을 위해서도, 불필요한 전력 낭비를 막기 위해서도 말이죠.

지구를 살리는 과학기술

꿈의 효율
_ 페로브스카이트 태양전지

온실가스를 배출하지 않는 친환경에너지 가운데 가장 주목받는 것은 태양전지예요. 햇빛이 무한한 데다가 재생에너지 가운데 가장 널리 보급되었기 때문이죠. 태양전지 연구는 1800년대 중반 프랑스에서 '광전효과'가 발견되면서 시작됩니다. 광전효과란 쉽게 말해 물질이 빛을 받으면 전자를 방출하는 현상이에요. 관찰된 현상에만 머물던 광전효과를 실험과 이론으로 증명한 이가 바로 천재 물리학자 알베르트 아인슈타인입니다. 아인슈타인은 우리에겐 상대성 이론으로 더 익숙하지만, 그보다 앞서 광전효과를 규명한 공로로 노벨물리학상을 수상했답니다.

태양전지의 원리도 광전효과에 기초해요. 물질(반도체)이 빛을 흡수해 전자를 방출하면서 전기가 발생합니다. 빛 에너지가 전기 에너지로 바뀌는 거죠. 1954년 미국의 벨 연구소에서 개발한 태양전지는 4년 후 인공위성 뱅가드1호에 장착되며 세상에 모습을 드러냈습니다. 이 소식을 전한《뉴욕타임스》는 〈화학전지는 고갈됐지만, 태양전지는 여전히 작동하고 있다〉[5]라는 제목의 기사를 냈다고 해요.

태양광발전이라고 하면 흔히 태양을 향해 늘어선 검은색

패널을 떠올릴 거예요. 이 패널의 정체는 순도 높은 실리콘이에요. 뱅가드 위성에 사용된 태양전지의 주재료 역시 실리콘입니다. 그런데 실리콘 패널은 광전환 효율, 다시 말해 빛 에너지가 전기 에너지로 변환되는 효율이 낮다는 약점이 있습니다. 상용화 이후 연구와 발전을 거듭해왔음에도 불구하고 광전환 효율이 20% 중반에 그쳤답니다. 그 밖에도 패널을 만드는 데 수천 ℃의 열이 필요하고, 그 때문에 제작 단가를 낮추기도 어렵다는 약점이 지적돼왔습니다.

페로브스카이트(perovskite) 태양전지는 이런 한계를 극복한 차세대 기술로 주목받고 있어요. 페로브스카이트는 특정한 구조를 공유하는 광물군을 일컫는 용어로, 러시아의 광물학자 레프 페로브스키(Lev Perovski)의 이름에서 따온 명칭입니다. 페로브스카이트로 만든 패널은 공정이 간편하고 제작 단가도 저렴합니다. 실리콘 패널과 비교해 더 가벼울뿐더러 탄성이 뛰어나 다양한 공간에 다양한 형태로 설치할 수 있다는 것도 장점이에요. 무엇보다 광전환 효율에서도 발전을 거듭하며 실리콘 패널을 뛰어넘을 것으로 기대되고 있습니다. 다만 열과 수분에 약하고 그로 인해 내구성이 떨어진다는 점

은 극복해야 할 과제예요.

　그동안 태양전지가 도달할 수 있는 광전환 효율의 이론
상 한계는 33.7%라고 알려졌습니다.[6] 그 이상은 '꿈의 효율'
로 불렸죠. 그런데 중국의 한 태양광 기업에서 실리콘 패널에
페로브스카이트를 코팅하는 방식으로 33.9%의 광전환 효율
을 달성했다는 뉴스가 전해졌습니다.[7] 이렇게 각기 다른 소재
를 결합하는 방식을 탠덤(Tandem)*이라고 하는데요. 두 패널
의 장점을 취함으로써 효율과 내구성을 모두 혁신하는 성과
를 냈습니다. 탠덤 태양전지의 등장으로 광전환 효율의 한계
는 45% 정도까지 늘어났다고 해요. 미국 국립재생에너지원
(NREL)에서는 전 세계 태양전지 연구 성과를 한데 모아 보여
줍니다. 온갖 재료로 최고 효율을 내기 위한 노력을 엿볼 수
있죠. 우리나라 연구단 이름도 여럿 보인답니다.

　아직까지 태양광발전은 해가 떠 있는 시간, 그것도 맑은
날에만 가능하다는 제약이 있는데요. 이를 해결하기 위해 배

---

*　　탠덤은 사람 또는 사물이 앞뒤로 혹은 나란히 선 형태를 의미해요.

터리처럼 충전해뒀다가 꺼내 쓰는 에너지 저장장치(ESS) 기술도 날로 발전하고 있습니다. 이렇듯 소재와 관리 시스템의 혁신을 통해 시간과 날씨를 따지지 않고 무한한 태양 에너지를 사용하게 될 그날을 꿈꿔봅니다.

친환경 생산, 안전한 저장
– 그린 수소로 가는 길

수소는 온실가스도, 다른 오염물질도 배출하지 않는 에너지원이에요. 우주에서 가장 풍부하고, 지구에서 10번째로 흔한 원소이기도 합니다. 그래서일까요. 미국의 경제학자이자 사회학자 제러미 리프킨(Jeremy Rifkin)은 일찍부터 수소가 주요 에너지원이 될 가능성에 주목하며 여기에 '수소경제'란 이름을 붙였어요.

   수소는 물을 전기분해 하거나 천연가스 같은 탄화수소화합물에 열과 압력을 가해 얻을 수 있습니다. 수소 자체는 청정에너지가 분명하지만 추출 과정에서 온실가스가 발생하기도 해요. 그래서 생산 과정의 친환경성에 따라 그레이 수소,

블루 수소, 그린 수소로 구분하는데요. 그레이 수소는 추출할 때 온실가스가 많이 발생합니다. 반대로 그린 수소는 온실가스를 배출하지 않아요. 블루 수소는 그 중간이고요. 현재 우리가 사용하는 수소 에너지는 주로 그레이 단계인데요. 대표적 예가 천연가스의 주성분인 메테인에서 수소를 뽑아내는 겁니다. 메테인(CH_4)은 그 화학식이 말해주듯 탄소 원자 하나에 수소 원자 네 개가 결합한 화합물이에요. 그래서 메테인에서 수소를 추출하면 기후변화의 주범인 탄소가 떨어져 나옵니다. 한편 이 과정에서 발생하는 탄소를 CCUS 기술을 이용해 포집해낸다면 블루 수소가 됩니다.

한국에서는 모든 수소 에너지를 신재생에너지로 뭉뜽그리지만, 엄밀히 말해 청정에너지원으로 볼 수 있는 것은 그린 수소뿐입니다. 탄소 원자가 없는 원료인 물에서 생산해야 하고, 물을 전기분해할 때 드는 전력 역시 재생에너지에서 나와야 합니다. 즉 그린 수소를 위해서는 재생에너지 비율도 커져야 하는 셈입니다.

그린 수소라고 해도 문제는 남습니다. 수소가 기체이고 반응성이 크다 보니 저장·운반 과정에서 폭발 위험이 있어요. 이를 방지하기 위해 암모니아(NH_3)나 액화수소 형태로 변환하는 방법을 택하고 있지만, 여전히 관리가 까다롭고 비용도 만만치 않습니다. 최근에는 저장 용량과 안정성을 높이는 방안으로 수소를 고체로 변환해 저장하는 기술과 액상유기수소운반체(촉매 반응을 통해 수소를 화학적으로 저장할 수 있는 물질) 기술이 각각 연구되고 있습니다.

버려지는 전기를 잡아라
_ 스마트 그리드

탄소 중립을 위해서는 에너지 생산 과정에서 온실가스를 배출하지 않는 게 가장 중요해요. 그다음으로는 만들어낸 에너지를 효율적으로 사용해야 해요. 다시 말해 이동·운반 과정에서 버려지는 에너지를 최소화하면서 적재적소에 분배할 수 있어야 합니다.

이를 위해 등장한 것이 스마트 그리드 시스템입니다. 지능형 그리드라고도 해요. 쉽게 말해 꼭 필요한 만큼 생산해서

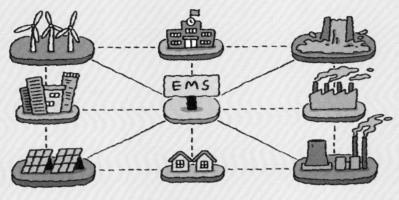

스마트 그리드 시스템

EMS : 에너지관리시스템

꼭 필요한 만큼만 분배하는 에너지 관리 체계죠. 전력망에 정보통신기술(ICT)을 융합해 사용량과 공급량, 전력선의 상태를 실시간으로 컨트롤하는 거예요.

스마트 그리드 시스템은 발전소는 물론 각 가정·기업과 전력 공급 및 사용 현황을 주고받습니다. 이렇게 알아낸 정보를 바탕으로 전력 소비량에 따라 발전량을 늘리거나 줄일 수 있죠. 남은 전력은 양수발전[*]에 쓰거나 배터리에 저장해놓을 수 있어요. 소비자는 소비자대로 전기가 남아돌아 평소보다 요금이 저렴한 시간대를 선택해 전력을 사용할 수 있죠. 요컨대 스마트 그리드는 전기 에너지의 수요-공급 균형을 위해 필수적인 기술입니다.

[*] 수력발전 방식의 하나입니다. 전력 사용량이 줄어드는 심야시간대 등에 잉여 전력으로 댐 아래쪽의 물을 끌어올려 필요할 때 다시 발전에 활용하는 기술이에요.

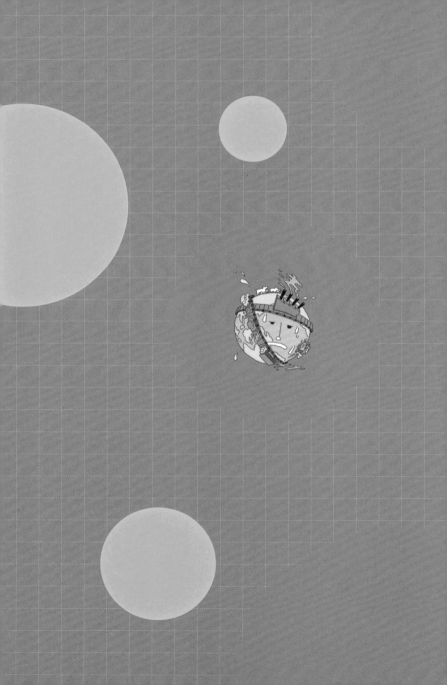

식량위기와 환경오염

GMO식품

인공육

4

"기후변화로 식량이 부족해진다." 뉴스나 책, 강연에서 자주 듣는 말이죠. 그런데 선뜻 공감되지 않는 말이기도 해요. 한국의 식탁 사정과는 너무 동떨어진 이야기로 들리기 때문이죠. 저는 오늘 점심을 편의점에서 삼각김밥과 컵라면으로 간단히 해결했답니다. 편의점까지 가는 것도 귀찮을 땐 '배달앱'을 켜면 돼요. 내 입맛대로 무엇이든 주문하면 수십 분 안에 도착 알림이 뜨죠. 물론 가족 생일이나 행사가 있다면 얼마든지 더 근사한 요리를 즐길 수 있고요.

언제든 원하는 음식을 원하는 장소에서 먹을 수 있는 한국인에게 식량부족은 실감하기 어려운 이슈입니다. 그런데 돌이켜보면 우리가 먹을 것을 걱정하던 시기가 그리 먼 과거는 아니에요. 여러분의 할아버지 할머니가 어린 시절에만 해도 하루 세 끼를 챙기지 못하는 경우가 흔했고, 쌀이 귀해 보리밥을 먹어야 했을 정도로 식량 사정이 어려웠죠. 한국인들이 "밥 먹었니?"라는 말을 안부처럼 주고받는 것도 먹을 게 충분치 않았던 시절의 흔적이라고 하죠.

다시 돌아온 '밥 먹었니?'

아직도 세계 곳곳에는 식량이 부족한 지역이 많습니다. 아이가 배가 고파 우는데도 먹을 걸 내주지 못하는 곳이 있어요. 식량도, 식량을 살 돈도 없어서죠. 대표적 지역이 '아프리카의 뿔'이라 불리는 동아프리카 일대의 7개국(지부티, 에티오피아, 케냐, 소말리아, 남수단, 수단, 우간다)이에요. 2022년 세계보건기구(WHO)는 해당 국가의 주민 3750만 명 이상이 먹을거리를 얻을 수 없는 '식량위기' 상태라고 발표했어요.

식량위기의 원인은 인구 증가와 기후변화입니다. 현재 80억 명대인 세계 인구는 금세기 후반이면 100억 명을 넘어선다고 해요. 이렇게 많은 사람이 살기 위해선 더 많은 물과 음식이 필요하죠. 그러나 식량 생산은 인구 증가를 따라가지 못하고 있어요. 게다가 우리는 갈수록 더 많이 먹고 있어요. 세계인의 1인당 식품 섭취량을 보면 1961년엔 하루에 약 2181kcal를 먹던 게 2020년에는 2947kcal로 늘었습니다.[8] 인구는 물론이고 개개인이 먹는 음식의 양까지 늘어나고 있는데, 식량 생산에 필요한 지구의 공간과 자원은 그대로인 상황이죠.

여기에 급격한 기후변화로 농사짓기가 갈수록 힘들어지고 있어요. 물이 부족하고 땅도 예전만큼 비옥하지 않아요. 폭염이나 홍수, 가뭄, 태풍 등 자연재해와 병충해도 갈수록 기승을 부리고 있죠. 2020년대 동아프리카 7개국은 최악의 가뭄을 겪었습니다. 3년 연속 우기에 비가 내리지 않았다고 해요. 이 사태로 1000만 명 이상이 극심한 식량부족으로 굶어죽을 위기에 처했습니다. 인간에 앞서 수백 만 마리의 가축이 죽어나갔어요. 수많은 사람이 식량과 물을 찾아 떠났거나 이동하고 있어요. 살아남기 위한 필사적 몸부림입니다. 아이들의 상황은 더욱 심각해요. 소말리아와 에티오피아, 케냐 3개국에서만 550만 명의 아동이 영양실조로 고통받았다고 합니다.

가뭄의 원인은 라니냐(La Niña)였어요. 라니냐는 편동풍의 영향으로 동태평양의 따뜻한 바닷물이 서쪽으로 이동하며 발생하는 현상이에요. 라니냐가 강해질수록 해수면 온도가 바뀌어 가뭄이 들거나 반대로 폭우가 내립니다. 라니냐 자체는 과거부터 발생하던 자연현상이에요. 문제는 기후변화가 라니냐의 덩치와 여파를 점점 키우고 있다는 거예요.

꿀벌 실종 사건

지구 곳곳의 곤충 생태계도 무너지고 있습니다. 2022년 초 전국 양봉농가에서 키우던 벌 78억 마리(전체 꿀벌의 18%)가 집단 폐사해 비상이 걸렸어요. 원래 꿀벌은 겨울에 개체수가 줄어드는 경향이 있긴 하지만 최근 몇 해 동안은 정도가 심각하다고 해요. 농촌진흥청에 따르면 이 사태의 원인은 기후변화와 꿀벌에 기생하는 해충인 응애입니다. 지구온난화로 꽃이 피는 시기가 계속 앞당겨지면서 정작 벌이 활동할 시기에는 충분한 꿀을 얻지 못한다는 것이죠. 응애는 면역력을 떨어뜨리는 등 꿀벌에게 각종 질병과 바이러스를 옮깁니다. 응애 피해가 더욱 커진 데도 온난화 등 기후변화의 영향이 있는 것으로 분석되었어요.[9]

꿀벌은 꿀을 채집하는 과정에서 꽃가루를 몸에 묻혀 다른 꽃으로 옮깁니다. 이 과정에서 수분, 즉 식물의 수정이 일어나고 열매를 맺죠. 다시 말해 꿀벌은 생태계의 수분 매개자입니다. 전 세계 야생식물의 90%, 식용 작물 75%의 수분에 관여하죠. 유엔식량농업기구(FAO)에 따르면 인간이 즐겨 먹는 100대 작물 가운데 71종이 꿀벌의 도움을 받는다고 해요. 사과, 수박, 양파, 멜론 등 우리가 아는 대부분의 과일과 채소가 꿀벌에 힘입어 열매를 맺습니다.

미국 캘리포니아 주에서도 꿀벌 감소로 골머리를 앓고 있어요. 꿀을 모으러 간 일벌이 집으로 돌아오지 않는 경우가 해마다 늘고 있다고 해요. 캘리포니아는 세계 최대 아몬드 생

꿀벌이 사라지면...

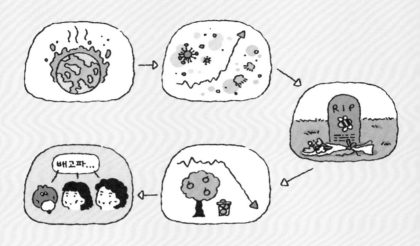

산지고, 아몬드의 수분 역시 꿀벌이 책임지고 있습니다. 이 때문에 미국 정치권과 미디어에서도 비상이 걸렸어요. 당시 버락 오바마 대통령이 꿀벌을 살릴 방법을 마련하라는 지시를 내리기도 했죠. 미국에서도 '꿀벌 실종'을 기후변화와 관련짓는 분석이 잇따랐습니다.

물론 꿀벌의 실종 또는 집단 폐사가 크게 걱정할 게 아니라는 주장도 만만찮습니다. 북미와 유럽에서는 개체수가 증감을 거듭하면서도 1960년대 수준을 유지하고 있으며, 아시아와 아프리카의 꿀벌은 오히려 늘어났다는 분석도 있습니다.[10] 그럼에도 꿀벌이 대규모로 폐사하거나 집을 찾지 못하는 일이 해마다 반복되는 건 분명 심상찮은 일이에요. 꿀벌이 사라져 농작물의 수확이 줄어들면 어떤 일이 벌어질까요? 식량 가격이 오르고 가난한 사람들, 가난한 나라일수록 식량을 구하기 어려워지겠죠. 결국 굶주림과 불평등이 심화될 수밖에 없어요. 우리가 꿀벌이 사라지는 일에 예민하게 관심을 가져야 하는 이유입니다.

한국은 잘 사는 나라라서 식량위기에도 끄떡없을까요? 그렇지 않습니다. 식량위기가 이야기될 때마다 함께 언급되는 데이터가 있어요. '식량자급률'입니다. 전체 식량 소비량 가운데 자국에서의 생산량이 차지하는 비율인데요. 한국은 식량자급률이 낮은 대표적인 나라예요. 2023년 기준 약 45%로, 절반 이상을 외국에서 수입해오고 있죠. 쌀, 밀, 콩 등 곡물 자급률은 약 20%로 더 낮아요. 그나마도 쌀의 자급률이 높아서

이 정도지, 쌀을 제외한 곡물 자급률은 5%에 불과합니다.

식량자급률이 낮을수록 다른 나라, 즉 식량 수출국의 사정에 영향을 받게 됩니다. 한국이 99% 수입에 의존하는 밀을 살펴볼까요? 큰 흉작이 들거나 전쟁 같은 비상사태가 벌어지면 미국·호주 등 세계적 밀 생산국들도 수출을 줄일 수밖에 없겠죠. 한국으로서는 더 비싼 값을 치르거나 아예 수입이 막힐 수도 있습니다. 자연스럽게 밀가루를 사용하는 빵과 라면, 국수 가격이 요동치겠죠. 이렇듯 식량자급률이 낮을수록 우리의 밥상이 불안해진답니다. 실제로 한국은 소득 대비 식자재 가격이 유달리 높은 나라로 유명해요.

식량위기와 관련해 또 하나 중요한 기준은 세계식량 안보 지수(GFSI)에요. 전쟁이나 재난 상황에서도 자국민에게 식량을 공급할 수 있는 능력을 평가한 것인데요. 2022년 이 통계에서 한국은 113개국 중 39위에요. 중간보다는 높으니 괜찮은 걸까요? 그러나 경제력이 엇비슷한 경제협력개발기구(OECD) 회원국끼리만 모아 보면 최하위권이고, 해마다 순위가 떨어지고 있어요. 결코 안심할 수 없는 상황입니다.

지도에 없는 섬,
플라스틱 아일랜드

- -

제가 처음 휴대폰을 가져본 건 고등학교를 졸업한 2001년이에요. 이후 20여 년간 아홉 대 정도를 사용한 것 같습니다. 한국인의 휴대폰 교체 주기가 2년 4개월쯤 된다고 하니, 저도 평균적 한국인에 드는 셈이죠. 그런데 쓰지 않는 구형 휴대폰들 중엔 책상 서랍에 고이 넣어둔 것도 있지만 대부분은 어디로 가버렸는지 알 길이 없네요. 그 휴대폰들은 다 어디로 갔을까요? 버려졌을까요? 아니면 재활용되어 어떻게든 쓰이고 있을까요? 여러분이 예전에 쓰던 휴대폰은 어디에 어떤 모습으로 있나요?

전 세계에서 사용 중인 휴대폰은 100억 대가 넘는다고 해요. 수명이 남아 있음에도 조금 더 편리한 생활을 위해 혹은 유행을 따라 교체하는 휴대폰은 얼마나 될까요? 전자전기폐기물포럼(WEEE forum)이라는 단체가 이걸 추산했습니다. 그에 따르면 2022년 기준으로 버려지거나 방치된 휴대폰이 무려 53억 대라고 해요. 겹겹이 포개면 약 5만 km, 지구를 한 바퀴 돌고도 남는 길이입니다.

스마트폰뿐 아니라 우리는 생활하면서 계속 쓰레기를 만들어내죠. 2020년대 한국에선 하루 평균 50만 톤 이상의 쓰레기가 배출되고 있습니다. 거대한 5톤 트럭 10만 대를 쓰레기로만 매일매일 꽉 채우고 있는 셈이죠.

우리가 버린 쓰레기는 재질에 따라 각각 소각장, 매립지, 재활용 시설로 옮겨져 처리됩니다. 이 과정에서 다양한 오염

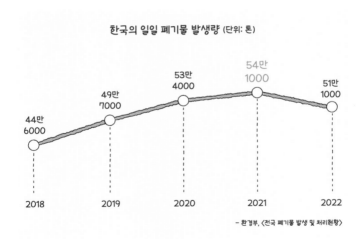

한국의 일일 폐기물 발생량 (단위: 톤)

44만
6000

49만
7000

53만
4000

54만
1000

51만
1000

2018   2019   2020   2021   2022

– 환경부, 〈전국 폐기물 발생 및 처리현황〉

물질과 공해가 발생해요. 따라서 효율적으로 처리하되 공해를 최소화하는 게 중요합니다.

재활용할 수 없거나 썩지 않는 쓰레기를 불에 태워 처리하는 소각장에선 이산화탄소, 이산화질소, 다이옥신, 미세먼지 등이 발생합니다. 모두 온실가스이거나 유독한 오염물질이죠. 매립장에서는 악취와 함께 쓰레기 분해 과정에서 흘러나온 유해물질이 주변 토양이나 지하수, 하천을 오염시킬 수 있습니다. 따라서 쓰레기 처리 시설에서는 다양한 정화 장치를 갖추는 한편, 오염물질이 외부로 유출되지 않도록 여러 겹의 차단막을 설치하기도 합니다.

처리 시설로 들어온 쓰레기는 그래도 관리가 가능합니다. 문제는 무단으로 버려진 경우예요. 이런 쓰레기는 제대로 된 처리를 거치지 못한 채 빗물을 타고 강으로 또 바다로 흘러들죠. 하와이와 캘리포니아 사이 북태평양에는 지도에 표시되지 않은 섬이 하나 있습니다. 왜 지도에선 찾아볼 수 없을까요? 이 섬의 정체가 거대한 플라스틱 쓰레기더미이기 때문이에요. GPGP*라는 이름의 이 '쓰레기 섬'은 북미와 중남미, 아시아에서 흘러나온 각종 쓰레기들이 바람과 해류를 타고 지금의 자리에 모여 형성되었습니다.

쓰레기 섬 GPGP를 처음 발견한 사람은 찰스 무어(Charles Moore)입니다. 1997년 LA와 하와이를 횡단하는 요트 대회에 참가하면서였죠. 이후 그는 GPGP를 본격적으로 연구하며, 다른 환경운동가들과 함께 쓰레기 섬의 존재와 그곳에 쌓여 있는 플라스틱 문제를 알리는 데 힘썼습니다. 쓰레기 섬이 하나의 국가인 양 국기·화폐·우표를 만들었고, 2017년에는 GPGP를 국가로 인정해 달라며 유엔에 청원을 내기도 했죠. 노벨평화상을 수상한 환경운동가이자 미국의 전 부통령인 앨 고어(Al Gore)는 이 섬의 국민을 자처하기도 했습니다.

GPGP를 구성하고 있는 플라스틱 쓰레기는 약 1조8000억 개, 무게는 8만 톤가량이라고 해요. 당장 눈에 띄는 건 커다란 페트병들이지만, 더 심각한 문제는 5mm 미만의 미세 플라스

✦   Great Pacific Garbage Patch의 줄임말로, '태평양의 거대한 쓰레기 지대'라는 뜻입니다.

틱이에요. 너무 작아서 제거하기 어려울뿐더러 먹이로 착각한 해양생물의 몸에 들어가 갖가지 장애와 질병을 일으키기 때문이죠. 물고기에 축적된 미세 플라스틱은 먹이사슬을 따라 다시 인간의 몸에 흡수됩니다.

미세 플라스틱은 플라스틱 제품이 마모되거나 분해되면서 발생합니다. 합성섬유로 만든 의류, 자동차 타이어, 일회용 포장 용기, 비닐, 화장품과 치약 속 연마제, 의약품 등 일상에서 사용하는 대부분의 제품이 미세 플라스틱을 포함하거나 만들어내고 있어요. 심지어 마시는 물이나 공기에서도 나노미터 단위의 미세 플라스틱이 발견된다고 해요. 생명체의 몸에

들어온 미세 플라스틱은 대부분 배출되지만, 조금씩 계속해서 몸에 쌓입니다.

　지구 전체에 퍼진 미세 플라스틱은 대부분 수거나 제거가 불가능해요. 결국 이제부터라도 플라스틱 사용을 줄이는 방법밖에 없습니다. 플라스틱은 인간의 생활을 편리하게 만든 상품이지만, 사용량이 폭증하면서 지구와 지구의 생명체들을 병들게 했죠. 이처럼 아무리 위대한 발명품이어도 어떤 결과로 이어질지는 결국 인간의 손에 달려 있습니다.

지구를 살리는 과학기술

유전공학이 만든 농작물
_ GMO

GMO(Genetically Modified Organism), 우리말로는 '유전자 변형 작물'이라고 하죠. 유용한 유전자를 재조합해 만들어낸 생물,

또는 그런 생물을 이용한 제품을 말합니다. 모든 생명체는 고유한 유전물질(DNA. RNA)을 갖고 있어요. 그 유전물질을 자르고 이어 붙여서 새로운 특징을 갖는 동식물을 만들어낼 수 있죠. 이걸 연구하는 학문이 유전공학입니다.

왜 유전자를 자르고 이어 붙일까요? 작물을 예로 들면 병충해에 강하고 영양이 풍부한 열매를 맺기 위해서입니다. 토마토는 맛있지만 금방 무르는 경우가 많죠. 이 토마토 유전자에 과육이 단단하고 쉽게 상하지 않도록 하는 유전자를 붙여주면 어떻게 될까요? 식감도 좋고 오래 보관할 수 있겠죠. 이렇듯 유전자 재조합을 이용하면 작물의 다양성을 높이고 생산량과 보존기간도 늘릴 수 있어요.

최초의 GMO는 1994년 미국의 생명공학 기업 칼젠이 만들어냈습니다. '무르지 않는 토마토'가 주인공이었죠. 칼젠은 토마토가 익을 때 생성되어 과육을 점점 무르게 만드는 폴리갈락투로나아제라는 효소에 주목했어요. 그리고 이 효소를 만드는 유전자의 작동을 억제함으로써 시간이 지나도 단단한 토마토를 생산하는 데 성공합니다. 정작 맛이 없어서 많이 팔리지는 못했지만, 이후 GMO 기술은 유전공학과 식품 산업의 핵심 분야로 자리 잡습니다.

수많은 작물이 GMO로 개량됐어요. 가장 널리 알려진 건 콩과 옥수수예요. 식품과 가축의 사료로 이용되죠. 마트에서 파는 두부, 옥수수 통조림, 시리얼 등의 성분 안내를 보면 GMO 콩이나 옥수수를 사용한 제품이 꽤 많답니다. 또한 값싸고 대량생산되는 GMO 사료 덕분에 축산업계의 부담이 줄고, 삼겹살이나 치킨 등 우리가 즐겨 먹는 고기 가격이 내려가는 효과도 있어요.

GMO 기술은 기후변화 시대에 더욱 주목받고 있어요. 급변하는 세계 각지의 재배환경에 맞춰 유전자를 변형할 수 있기 때문이죠. 폭염이나 가뭄이 몰려와도 그에 적응하는 유전자를 이식해 품질과 생산량을 유지하는 거예요.

그런데 이런 GMO 기술에도 물음표가 따라붙습니다. 무엇보다 '안전성'에 대해 명쾌한 답이 나오지 않고 있어요. 학계에서는 유전자 변형 작물의 꽃가루가 다른 작물에 전해져

'유전자 오염'이 발생할 수 있다는 우려를 제기합니다. GMO에서는 없던 문제가 다른 작물에서는 발현될 가능성이 있고, 이 때문에 생태계의 균형이 무너질 수도 있다는 거죠. 또한 GMO 식품을 오랫동안 섭취했을 때의 부작용에 대해서도 아직 충분히 연구되지 않았어요. 이러한 불안을 반영해 GMO 식품엔 반드시 유전자 변형 작물을 사용했다는 사실을 의무적으로 밝혀야 해요. 소비자의 알권리와 선택권을 보장하기 위한 안전장치인 셈이죠.

GMO 기술에 힘입어 인류는 다양한 식량을 더 저렴한 가격에 생산하고 있습니다. 날로 심각해지는 식량위기도 GMO로 해결하면 된다는 낙관적 전망도 나오고 있죠. 그러나 GMO가 지구 생태계와 인간에게 어떤 영향을 미칠지 아직은 미지수입니다. 환경을 위해, 또 건강을 위해 GMO가 대안이 될 수 있을지는 계속해서 지켜봐야 해요.

공장에서 생산되는 고기
_ 대체육 기술

소고기는 한국인이 가장 사랑하는 육류입니다. 불고기, 스테이크, 갈비찜, 설렁탕, 육개장… 어떻게 먹어도 맛있으니까요. 소고기는 가장 값비싼 식재료이기도 해요. 그 어느 때보다 경제적으로 풍족하다는 요즘 시대에도 소고기를 마음껏 먹을 수 있는 경우는 드물죠. 예나 지금이나 특별한 날이나 기분을 낼 때 찾는 사람이 많은 걸 보면 소고기는 참 귀한 음식이기도 합니다.

그런데 언제부턴가 소고기를 즐기는 식습관을 비판하는 목소리가 커지고 있습니다. 아예 고기를 먹지 않는 채식주의자도 늘고 있죠. 대규모 소 사육이 지구환경에 악영향을 미치기 때문인데요. 앞에서도 잠시 이야기했지만 축산업은 온실가스의 주요 배출원입니다. 유엔식량농업기구에 따르면 전 세계 온실가스 배출량의 18%가 축산농가에서 나온다고 해요. 축산농가에서 주로 발생하는 온실가스는 이산화질소와 메테인입니다. 이산화질소는 가축의 분뇨에서, 메테인은 소·

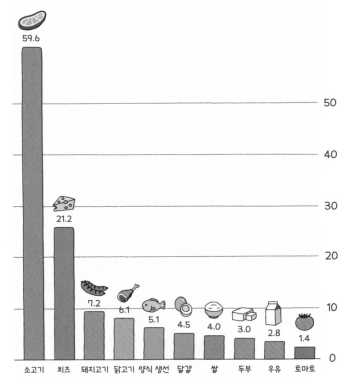

식품 1kg당 온실가스 배출량 (단위: KgCO₂eq)

소고기 59.6
치즈 21.2
돼지고기 7.2
닭고기 6.1
양식 생선 5.1
달걀 4.5
쌀 4.0
두부 3.0
우유 2.8
토마토 1.4

ㅡ 아워월드인데이터(Our World in Data, 2020)

양·염소·사슴 등 반추동물의 트림과 방귀로 나옵니다. 특히 전 세계에서 사육되는 10억 마리의 소가 내뿜는 메테인의 온실효과는 이산화탄소 20억 톤과 맞먹습니다.

이렇듯 대규모 축산업이 기후변화의 원인 중 하나라는 인식이 확산하면서 유전공학 기술로 만든 고기, 즉 '대체육'에 대한 관심도 올라가고 있어요. 대체육은 크게 실험실에서 키운 '배양육'과 식물성 재료로 만든 '식물성 고기'로 나뉩니다.

배양육은 동물의 줄기세포나 근육세포 등을 배양액에 넣고 키운 살코기입니다. 여기에 식물성 단백질을 첨가하고 풍미를 더해요. 고기의 모양과 식감은 3D프린팅 기술로 구현합니다. 맛과 향은 실제 고기와 비슷하지만, 시간이 오래 걸리고 가격도 비싼 편이에요. 2022년 기준으로 배양육 햄버거의 생산 원가가 10달러(1만3000원) 정도라고 합니다. 아직은 만만찮은 가격이지만 2013년 최초의 배양육 햄버거를 만드는 데 33만 달러(4억5000만 원)가량이 든 걸 생각하면 머지않아 부담 없이 선택할 수 있는 날이 오겠죠?

한편 식물성 고기는 콩이나 채소를 가공해 고기 맛을 냅니다. 건강관리를 위해 지방 함량을 80% 이상 줄인 제품도 있습니다. 식물성 고기는 실험실에서 만들어낸 배양육보다 시간과 비용이 덜 들고, 메테인도 적게 배출해요. 기존 육류의 단점인 감염이나 기생충, 항생제 사용으로부터도 자유롭죠.

이에 마이크로소프트의 창업자 빌 게이츠, 영화배우 레오나르도 디카프리오 등 유명인들도 투자에 나설 정도로 식물성 고기 산업은 빠른 성장세를 기록하고 있습니다.

하지만 식물성 고기도 가격이 비싸요. 질감이나 맛도 진짜 소고기·닭고기와는 차이가 있고요. 무엇보다 식물성 고기가 과연 건강한 식품인가를 두고 의견이 분분합니다. 유엔식량농업기구와 세계보건기구 등은 건강상 문제가 없다는 입장이지만, 식물성 고기는 수많은 첨가물이 들어간 초가공식품으로 봐야 한다는 시각도 만만찮아요. 실제로 식물성 고기에는 '씹는 느낌'을 내기 위해 메틸셀룰로오스라는 첨가물이, 육즙을 위해서는 레그헤모글로빈이 들어갑니다. 원재료 표시를 꼼꼼히 살펴본다면 식물성 고기에 선뜻 지갑을 열기 어려울지도 몰라요.

이런 저런 논란에도 불구하고 대체육 산업은 하루가 다르게 성장하고 있습니다. 미국·싱가포르 등지에서는 마트나 정육점에서 대체육 코너를 쉽게 만날 수 있고, 한국에도 미국과 홍콩의 푸드테크 기업에서 내놓은 식물성 고기 제품이 수입되고 있습니다. 한국의 식품 기업들도 저마다 대체육 시장을 선점하기 위해 분주히 움직이는 중이에요. 마음껏 고기를 즐기고 싶은 인간의 욕망과 축산업의 온실가스를 줄여야 하는 시대적 과제. 대체육 기술은 이 두 마리 토끼를 모두 잡을 수 있을까요?

지능형 도시농장
– 스마트팜

스마트팜(smart farm)은 정보통신기술(ICT)과 결합한 농법입니다. 말 그대로 '똑똑한 농장'이죠. 재배 시설의 온도, 습도, 일조량, 이산화탄소 농도, 토양 성분 등을 분석해 작물의 생장에 가장 알맞은 환경을 유지합니다. 그 덕분에 날씨와 장소에 관계없이 작물을 생산해낼 수 있어요. 독일의 남극 기지 노이마이어Ⅲ에서는 '에덴-ISS'라는 스마트팜이 운영 중이에요. 평균기온 −22℃, 흙도 없고 햇빛도 들지 않는 극한 환경에 건설된 12.5m²(3.7평)의 온실에서 오이와 딸기를 비롯한 수십여 종의 채소와 과일을 재배한다고 해요.

이렇듯 공간과 기후의 한계를 뛰어넘는 장점을 활용해 도시의 지하 공간이나, 빌딩 옥상, 햇빛이 차단된 실내에 스마트팜을 설치하는 경우도 늘어나고 있어요. 서울의 지하철 7호선 상도역에는 '메트로팜'이 운영 중입니다. 햇빛 하나 들지 않는 지하 공간에서 식물재배용 LED를 활용해 매일 3.5kg의 채소를 생산해내죠. 갓 수확한 채소로 만든 샐러드와 샌드위치도 판매한다고 해요.

기상이변이 잦을수록 스마트팜 기술의 활용 폭도 커질 거예요. 폭우가 내리건 가뭄이 들건 스마트팜 시설 안에서는 재배에 적합한 온·습도가 유지되니까요. 작물에 최적화된 양분을 녹인 배양액에서 재배*하기 때문에 작물의 생장 상태도 좋은 편이에요. 병충해로부터도 자유롭죠.

고층 건물 내부에도 스마트팜이 들어서고 있어요. 넓은 평지가 필요한 재래식 농법에서는 불가능한 일이죠. 같은 면적의 농지보다 몇 배나 많은 수확량을 기대할 수 있다고 합니

---

* 이런 농법을 '수경재배'라고 해요. 흙이 아닌 물에서 키운다는 뜻이죠.

다. 다만 스마트팜은 전력 소비가 크고 초기 설비 마련에 비용이 많이 든다는 게 단점이에요. 햇빛과 토양의 도움 없이 ICT기술과 결합해 작동하는 스마트팜의 특성상 어쩔 수 없는 일이지만, 보편적 농법으로 거듭나기 위해선 해결해야 할 과제입니다.

진짜 친환경자동차를 위한
_ 폐배터리 재사용·재활용 기술

자동차는 두 얼굴의 문명이에요. '이동의 한계'를 뛰어넘게 해준 발명품인 동시에 환경오염의 주범이기도 합니다. 따라서 기후변화 시대의 자동차 산업은 '친환경'을 내세우고 있습니다. 유럽연합에서는 온실가스 감축을 위해 2035년부터 휘발유·경유를 사용하는 내연기관 자동차의 판매를 금지했어요. 이에 따라 친환경자동차의 대표 주자인 전기차가 더욱 각광받고 있습니다. 한국에서도 전기차의 상징인 파란색 번호판 차량이 점점 늘어나고 있어요.

  배터리와 모터를 사용하는 전기차는 주행 중에는 온실가

스나 오염물질을 배출하지 않아요. 전기차가 탄소중립을 위한 교통수단으로 떠오르면서 각국 정부에서도 지원에 나섰습니다. 차량 구매자에게 보조금을 지급하고 충전소와 전용 주차구역 마련을 지원하는 등 전기차 확산에 힘쓰고 있죠. 이런 움직임에 힘입어 전 세계 전기차 등록대수는 1000만 대를 넘어섰어요. 한국에서도 2024년 기준 50만 대 이상의 전기차가 달리고 있습니다.

그런데 우리가 전기차 보급률을 높이는 데만 관심을 둔 사이에 떠오른 골칫거리가 있습니다. 바로 폐배터리 문제예요. 전기차 배터리는 성능이 80% 아래로 내려가면 수명이 다했다고 봅니다. 충전 습관에 따라 다르지만 대개 10년 안팎의 사용연한을 거치며 역할을 다한 전기차 배터리는 폐기물로 취급됩니다.

전기차 배터리는 외부의 전기 에너지를 저장해서 재사용합니다. 이걸 2차전지라고 해요. 화석연료를 사용하지 않고, 충전해뒀다가 필요할 때 사용할 수 있기 때문에 기후변화 시대에 안성맞춤이죠. 문제는 사용연한이 지난 폐배터리에 포함된 리튬이나 코발트 같은 금속입니다. 적절한 처리 없이 버려질 경우 환경을 크게 오염시키는 물질이에요. 폐배터리는 앞으로 얼마나 늘어날까요? 2030년 한국의 전기차 등록대수는 420만 대에 이를 전망이니, 늦어도 2030년대 후반에는 그만큼의 폐배터리가 나온다고 봐야 해요. 따라서 우리는 폐배터리 420만 개라는 '정해진 미래'에 대비해야 합니다.

폐배터리 처리 절차는 이렇습니다. 폐차가 결정되거나 배터리의 성능이 80% 아래로 내려간 전기차에서 배터리를 분리해요. 정부 보조금을 받은 차량의 배터리는 정부·지자체에 반납된 뒤 환경공단에서 운영하는 미래폐자원 거점수거센터로 보내지고, 이곳에서 배터리의 상태를 분석해 '재활용'할지 '재사용'할지 결정합니다. 보조금을 받지 않은 차량의 폐배터리는 민간의 전문 폐차업체에서 같은 과정을 거칩니다.

재사용은 배터리를 다른 용도로 다시 쓰는 거예요. 조금 전 전기차 배터리의 수명은 80%가 기준이라고 이야기했습니다. 이 말은 폐배터리라곤 하지만 80%에 조금 못 미치는 성능은 남아 있다는 뜻이에요. 즉 전기차를 움직이는 덴 부족하지만 다른 용도로는 얼마든지 쓸 수 있다는 것이죠. 대표적인 게 에너지 저장장치(ESS)입니다. 태양광발전으로 만든 전기를 저장하는 거죠.

재활용은 배터리의 용량이 60% 밑으로 떨어진 폐배터리를 분해해서 원료물질을 회수하는 과정을 말합니다. 리튬, 니켈, 코발트 등 전기차 배터리의 주요 원료는 대부분 매장량이 적고 값비싼 '희소금속'이에요. 재사용이 힘든 폐배터리를 잘게 부숴 금속 가루로 만드는 방식으로 희소금속의 90% 이상을 회수할 수 있어요. 이렇게 얻은 금속 가루는 또 다른 2차전지를 만드는 데 활용됩니다.

전기차용 리튬이온 배터리 1개를 만드는 데 64kg의 온실가스가 발생한다고 해요. 폐배터리를 재사용·재활용하면 개당 48.8kg의 온실가스를 줄일 수 있습니다. 또한 대부분 수입에 의존하는 희소금속을 재활용하는 것은 경제적으로도 바람직한 일입니다. 이렇듯 폐배터리 재사용·재활용은 자원을 자연에서만 채굴하는 게 아니라, 과학기술을 통해 폐기물에서도 얻을 수 있음을 보여줍니다.

어쩔 수 없이 써야 한다면
– 바이오 플라스틱

북태평양의 쓰레기 섬 GPGP 이야기로 돌아가볼까요? 그곳의 쓰레기 대부분은 플라스틱이죠. 대체 어쩌다 이렇게 많은 플라스틱이 쌓인 걸까요?

　나무의 수액 또는 그것을 굳힌 천연수지와 비슷하다고 해서 '합성수지'라고도 불리는 플라스틱. 흔하고, 저렴하며, 튼튼할뿐더러 다양한 모양으로 가공하기도 쉬운 이 재료는 나무나 철, 종이의 영역을 빠르게 대체했어요. 예컨대 우유는 플라스틱 용기가 개발되면서 유통기한이 늘어났고, 먼 거리까지 유통될 수 있었죠. 그렇게 개발된 지 100여 년이 지난 오늘날은 '플라스틱의 시대'라고 해도 틀린 말이 아닙니다. 옷, 신발, 식기, 운동용품, 전자제품, 의료기기, 교통수단 등 우리의 일상 곳곳에 플라스틱이 숨어 있죠. 그렇게나 많이 쓰이는지 몰랐다고요? 플라스틱 하면 페트병이나 식기 정도만 떠올리기 쉽지만 플라스틱의 종류는 무궁무진하답니다. 나일론, 아크릴, 멜라민, 폴리에스테르, 폴리우레탄, 폴리스티

렌(PS), 폴리에틸렌(PE) 폴리염화비닐(PVC), 폴리프로필렌(PP)… 지금 착용하거나 사용하는 제품의 성분 표시에 이런 단어가 눈에 띈다면 모두 플라스틱이 들어 있다고 봐야 해요.

인간이 만든 플라스틱은 환경에 어떤 영향을 미칠까요? 우선 생산하는 과정에서 온실가스를 배출합니다. 대부분의 플라스틱은 석유에 열을 가해 만드는데, 이때 온실가스가 나옵니다. 플라스틱을 많이 생산할수록 지구가 뜨거워지겠죠.

둘째는 쓰레기예요. GPGP의 사례에서 보듯, 플라스틱 쓰레기는 사라지지 않고 쌓이기만 합니다. 왜 그럴까요? 자연에 존재하는 유기물[*]은 시간이 지남에 따라 무기물로 분해되어 식물의 양분으로 쓰입니다. 이때 분해 작업을 맡은 곰팡이나 세균 등의 미생물을 '분해자'라고 해요. 그런데 플라스틱은 유기화합물의 일종이지만 이들 미생물이 분해하지 못해요. 한번 만들어진 플라스틱이 수백 년이 지나도 썩지 않는

---

[*]   유기화합물이라고도 해요. 과거에는 동식물 등 생명체, 그리고 생명 활동을 통해 생성되는 물질만을 가리켰지만 현재는 탄소화합물, 즉 탄소를 기본 구조로 삼는 모든 화합물을 뜻합니다.

이유입니다.

플라스틱 쓰레기가 지구를 뒤덮으면서, 과학자들은 '썩는 플라스틱' 개발에 착수했어요. 워낙 저렴하고 편리한 플라스틱을 아예 안 쓸 수는 없으니, 어떻게든 분해가 되면 괜찮다는 의도였죠. 그렇게 등장한 것이 광분해성 플라스틱, 그리고 생분해성 플라스틱입니다.

광분해성 플라스틱은 말 그대로 빛(光)과 반응해 분해되는 플라스틱이에요. 광분해 촉진제를 첨가해 햇빛, 그중에서도 자외선을 쬐면 플라스틱 분자의 결합이 끊어지는 방식이죠. 사용 후 일정 시간이 지나면 서서히 분해가 시작됩니다. 단점은 빛이 닿지 않는 땅속에 묻혀버리면 분해되지 않는다는 거예요. 광분해된 후에도 플라스틱 잔여물이 일부 남는다는 것도 해결해야 할 과제예요.

생분해성 플라스틱은 그보다 더 친환경적입니다. '생분해'란 미생물, 즉 살아(生) 있는 생명체가 분해한다는 뜻이에요. 흙이나 물속의 세균과 곰팡이가 분해할 수 있는 식물성 유기

자연으로 돌아가는 생분해 플라스틱

1일   1개월   2개월   4개월   6개월

물을 원료로 만든 플라스틱이죠. 석유를 사용하는 일반 플라스틱과 달리, 생산 과정은 물론 폐기 후에도 온실가스가 줄어드는 장점이 있습니다. 땅에 매립해도 퇴비로 쓸 수 있어요.

가장 보편적으로 사용되는 생분해성 플라스틱은 PLA(Poly-lactic Acid)예요. 한국어로는 폴리젖산, 다시 말해 옥수수나 사탕수수를 발효시켜 만든 젖산이 원료예요. 사람의 체내에서도 분해되기 때문에 봉합사 등 의료용 제품에 주로 이용됩니다.

일회용 비닐봉투나 식기류 등 포장재로도 활용되죠. 단점은 물과 열에 약하다고 해요. 이 밖에 옥수수로 만든 PLH, 미생물을 배양·발효해서 만든 PHA도 주목받는 생분해성 플라스틱이에요. PLH는 유연성과 투명성이 좋아서 활용도가 높습니다. PHA는 특별한 처리 없이도 100% 생분해된다는 게 장점이지만, 생산에 시간이 많이 들고 가격이 비싸서 아직까지는 활용이 제한적이에요.

이처럼 친환경 플라스틱 연구가 계속되고 있지만 '썩지 않는 플라스틱 지구'라는 대세를 역전시키진 못했어요. 전 세계 플라스틱 생산량은 3억6700만 톤 이상이에요(2020년 기준). 그런데 생분해성 플라스틱 생산량은 241만 톤에 불과해요(2021년 기준). 전체의 1%에도 못 미치죠.[11] 무엇보다 현재까지 인간이 만들어낸 플라스틱의 절반 이상이 2000년도 이후에 생산되었고, 갈수록 더 많은 플라스틱이 만들어지고 있어요. 친환경 플라스틱 연구·생산에 힘쓰는 것과 별개로 플라스틱 사용 자체를 줄이려는 노력이 급선무입니다.

생물다양성 위기

아마존

5

2011년 8월 한여름. 경상북도 울진의 야산에서 산양의 흔적을 좇는 대학생 세 명과 동행하며 인터뷰를 했어요.¹² 이들은 멸종위기 야생생물(1급)이자 천연기념물 217호인 산양의 서식지를 찾고 있었죠. 단서는 산양의 똥이에요. 땅콩 모양이죠. 산양은 주변에 바위가 있고 아래를 내려다볼 수 있는 산의 정상부에서 주로 배변을 합니다. 산양 탐사대는 40일간 매일 산에 올랐고 가파른 곳도 마다하지 않았어요. 산양의 흔적을 탐사하며 주변 식생까지 꼼꼼히 기록하는 이들의 열정은 정말 인상 깊었습니다. "멸종위기에 처한 산양에 관심을 가져달라"는 말을 꼭 기사에 담아달라던 당부가 기억에 남아요. 다행스럽게도 그

후 산양의 개체수가 늘어났다는 소식이 들려왔답니다.

사라지는 동식물들

지구에는 수많은 생물이 숲, 습지, 바다, 사막 등 다양한 환경에 적응하며 살고 있어요. 사자나 코끼리같이 덩치가 큰 동물도 있고, 해양 플랑크톤이나 미생물 등 눈으로는 볼 수 없을 만큼 작은 생물도 있죠. 인간이 지금껏 발견한 생명체는 175만 종. 엄청나게 많아 보이지만 실제 지구의 생명체는 1400만 종이 넘는다고 해요. 우리는 지구에 사는 생물의 겨우 10% 정도만 알고 있는 셈이죠.

인간은 지구상의 이 다양한 생물들로부터 식품, 연료, 의약품 등 필요한 모든 자원을 얻습니다. 그 자체로 귀중한 식량이자 의약품의 원료인 동식물은 죽어서 땅에 묻힌 뒤 긴 시간 열과 압력을 받아 석탄·석유가 됩니다. 숲과 나무, 해조류는 오염된 토양과 공기와 물을 정화해 주는 것은 물론 홍수·가뭄·산사태를 막고 생태계가 유지되는 데 결정적 역할을 해요.

이렇듯 1400만 종의 생물이 적응하며 살아온 지구를 기후 변화가 바꾸고 있습니다. 살아남기 힘든 가혹한 환경으로요. 제주도의 한라산 꼭대기에 사는 '암매'는 세계에서 가장 키가 작은 꼬마 나무예요. '돌에서 피는 매화'라는 뜻으로, 다 자라도 키가 10cm를 넘지 않고 사이좋게 옹기종기 모여 살죠. 추운 북쪽에서 서식하던 암매는 마지막 빙하기 때 제주도까지

온난화로 더 이상
갈 데가 없음

내려왔다고 해요. 그러다 갈수록 따뜻해지는 날씨를 피해 한라산 꼭대기에 자리 잡았어요. 이젠 더 이상 갈 곳이 없죠. 여기서 기온이 더 오르면 암매는 살아남지 못할 겁니다. 산양처럼 암매도 멸종위기 야생생물(1급)이에요. 수만 년 지구의 역사를 간직한 나무가 기후변화에 쫓겨 오갈 데 없는 처지에 몰려 있습니다.

다른 나라 동물들의 상황은 어떨까요? 국제 환경운동 단체 그린피스⁺는 '지구온난화로 멸종위기에 처한 동물 톱 5'를 발표했어요.[13]

첫째는 벵골 호랑이에요. 방글라데시와 인도에 5000여 마리가 살지만 기후변화와 해수면 상승으로 서식지가 물에 잠기고 있어요. 이런 상황이 계속된다면 유엔에서는 2070년경

---

*   그린피스는 1971년 창립된 반핵·탈원전·생물다양성 보전 및 환경보호 운동 네트워크입니다. 네덜란드 암스테르담에 본부를, 55개국에 지역 사무소를 두고 세계 각지에서 일어나는 환경오염 실태 조사와 보호 활동을 진행해요. 불법 고래잡이나 핵실험 등 환경파괴 행위를 앞장서서 저지하는 단체로도 잘 알려져 있어요.

엔 벵골 호랑이가 멸종할 것으로 내다보고 있습니다.

가장 빠른 육지 동물인 아프리카 치타의 상황도 심각해요. 사냥꾼들의 밀렵으로 지난 한 세기 동안 개체수의 90%가 줄어든 아프리카 치타. 여기에 극심한 폭염으로 수컷 치타들의 남성 호르몬 수치에 이상이 생겨 번식에 애를 먹고 있다고 해요. 현재 야생에서 살아가는 아프리카 치타의 개체수는 약 7000마리. 상황이 나아지지 않는다면 몇 년 안에 동물원에서만 보게 될지도 모릅니다.

셋째는 자이언트 판다예요. 영화 〈쿵푸팬더〉의 주인공, 그리고 한국인들의 사랑을 듬뿍 받았던 '푸바오'가 바로 자이언트 판다입니다. 검은색 선글라스를 쓴 듯한 눈매와 귀여운 행동이 매력이죠. 이런 자이언트 판다 역시 국제 멸종위기종입니다. 서식지인 대나무 숲이 기후변화와 인간의 벌목으로 점점 사라지고 있기 때문입니다. 야생 자이언트 판다의 개체수는 1800여 마리, 중국을 비롯해 전 세계 동물원에서 서식하고 있는 자이언트 판다는 600여 마리에 불과해요.

지구온난화로 사라져가는 동물들

푸른바다거북을 볼 수 있는 날도 얼마 남지 않았습니다. 야생 다큐멘터리에 곧잘 등장하는 푸른바다거북은 해변에 알을 낳아요. 문제는 알을 품은 모래의 온도에 따라 새끼 거북의 성별이 정해지는데, 따뜻할수록 암컷이 많이 부화한다고 해요. 기온이 상승하면서 해변 백사장의 온도도 꾸준히 올라가고 있죠. 수컷 푸른바다거북을 찾아보기 어려운 환경이 계속되고 있습니다. 실제로 지난 20년간 태어난 푸른바다거북의 99%가 암컷이라고 해요.

　마지막은 형형색색 산호들의 숲, 산호초예요. 산호초는 물고기의 집이 되어주는 등 생물다양성(이 용어는 150쪽에서 다시 설명할게요)이 높아 '바닷속 열대우림'이라 불립니다. 지구 해양생물의 25%가량이 산호초와 그 주변에서 살아간다고 하죠. 그런 산호도 바닷물이 따뜻해지면서 본래의 빛깔을 잃고 하얗게 변해 죽어가고 있어요. 세계 최대의 산호초인 호주 그레이트 배리어 리프의 면적은 1990년대에 견줘 절반 이하로 쪼그라들었다고 합니다. 산호초가 파괴되면 해양생물들은 어디에서 머물고, 또 먹이를 찾아야 할까요.

작물의 종 다양성 감소도 큰 문제예요. 유엔식량농업기구에 따르면 20세기 이후 세계 각국은 생산성을 높이기 위해 같은 작물이라도 수익성이 좋은 품종만 골라 재배해왔습니다. 그 결과 농작물의 다양성이 75%나 감소했다고 해요. 자연이 아닌 '인간의 선택'으로 작물의 '도태'가 일어난 거죠.

농작물의 다양성이 줄어들면 어떤 문제가 생길까요? 1850년경 아일랜드에서 잎마름병이란 전염병이 유행하면서 감자 농사에 큰 흉년이 들었답니다. 그런데 당시 아일랜드를 지배하던 영국 정부의 가혹한 수탈로 먹을 거라곤 감자밖에 없는 상황이었어요. 결국 대기근이 일어났습니다. 100만 명 이상이 굶어죽었고, 수많은 이들이 다른 나라로 이민을 떠나야 했어요. 그 결과 인구의 25%가 줄어들었다고 해요. 이 사건이 발생한 지 200년이 다 되어가지만 아일랜드는 1850년 이전의 인구를 회복하지 못하고 있습니다.

잎마름병이 대기근으로 번진 원인 중 하나는 감자의 허약한 종 다양성이에요. 감자는 씨앗으로 번식하지 않아요. 덩이줄기를 잘라 다시 심어 기르기 때문에 이렇게 번식된 감자의 유전자는 동일합니다. 즉 당시 아일랜드엔 어떤 전염병이든 한 번 퍼지면 이겨내는 감자가 없었던 거예요.

바나나 역시 아일랜드의 감자와 비슷한 상황이에요. 마트에서 만날 수 있는 노란색 달콤한 바나나. 모두 비슷하게 생겼죠? 맛도 그렇습니다. 세계에서 가장 널리 재배되는 바나나 품종은 캐번디시(Cavendish)예요. 영국의 귀족 윌리엄 캐번디시의 온실에서 재배된 데서 유래한 이름입니다. 그 이전까진 그로 미셸(Gros Michel)이라는 바나나를 많이 먹었다고 해요. 하지만 1950년대 뿌리가 썩는 전염병인 파나마병에 그로 미셸 품종이 큰 타격을 입었고, 이 병을 이겨낸 캐번디시가 대세로 떠올랐습니다.

바나나도 감자처럼 꺾꽂이로 번식해요. 바나나를 잘라내면 그루터기에서 새순이 나와 자라는데, 이 새순을 옮겨 심는 방식이죠. 이 때문에 같은 품종의 바나나는 유전자가 거의 같습니다. 다시 말해 종 다양성이 매우 낮아요. 미셸 그로를 공격했던 파나마병의 변종이 이제는 캐번디시를 위협하고 있다고 해요. 캐번디시 바나나는 이번에도 살아남을 수 있을까요? 우리는 달콤한 노랑 바나나를 계속 맛볼 수 있을까요?

인류가 가장 사랑하는 기호식품인 커피도 멸종위기에 놓여 있습니다. 전 세계엔 124종의 커피나무가 있지만, 재배·유통되는 커피의 대부분은 아라비카와 로부스타 품종입니다. 아라비카는 기온에 민감한 작물이에요. 18~22℃에서는 잘 자라지만 30℃를 넘으면 잎이 떨어져버려요. 습도, 일조량의 작은 변화에도 영향을 많이 받고요. 그다음으로 많이 생산되는 로부스타 품종도 예민하긴 마찬가지입니다. 이 때문에 커피나무는 까다로운 조건을 만족하는 아열대 고원에서 주로 재배됩니다. 그런데 지금까지의 온난화 추세라면 2040년경엔 이 두 품종 모두 사라질 운명이에요.[14] 이런 전망을 낸 영국 큐 왕립식물원 연구진은 기후변화와 질병에 저항성을 가진 야생 커피나무의 보호를 촉구했습니다. 사람들이 매일같이 즐기는 커피가 여러분이 어른이 될 무렵엔 특별한 날에나 맛볼 수 있는 귀한 음료가 될지도 몰라요.

기업화한 오늘날의 농업은 수익성을 위해 소품종 대량생산 체제로 발전해왔습니다. 그러나 바나나와 커피의 사례에서 보듯, 어떤 작물이든 한두 가지 품종에만 의존하면 예상치 못한 위기에 대처하기 어려워요. 물론 기후변화를 막고 전염병을 예방하는 게 최선이지만, 그와 별개로 적응하고 이겨낼 수 있도록 농법을 다변화하고 다양한 품종을 키우려는 노력이 필요합니다.

생물다양성이란

생물다양성(Biodiversity)이란 지구상의 생물들이 얼마나 다양하게 존재하며, 또한 촘촘하게 엮여 있는지 살피는 개념이에요. 구체적으로 생물의 유전적 다양성, 생물종의 다양성, 생물이 살아가는 생태계의 다양성 등이 있습니다. 눈에 보이지 않을 뿐, 생물다양성은 생태계를 순환시키는 원동력이자 외부의 위협으로부터 보호하는 안전망이기도 해요.

'침팬지 박사'로 유명한 동물학자 제인 구달(Jane Goodall)은 생물다양성을 '거미줄' 또는 '생명의 그물망'에 비유했어요. 거미줄은 한두 가닥 끊어져도 문제없을 것 같지만 그대로 두면 점점 구멍이 커져 결국엔 거미의 집이나 사냥터로서 기능을 상실합니다. 이와 같이 어떤 동식물이 사라지는 것도 생물종 하나의 문제가 아니라 생물다양성, 즉 생명의 그물망이 하나씩 단절되는 것과 마찬가지예요.

수억 년간 변화무쌍한 지구환경에 적응하며 진화해온 동식물에게도 인류세 이후 지구의 변화는 감당하기 힘듭니다. 새로운 환경에서 살아남을 능력을 기를 여유를 주지 않기 때문이에요. 많은 생물이 적응을 포기하고 쫓기듯 서식지를 옮기거나 멸종위기에 몰려 있습니다. 2010년 유엔 생물다양성협약보고서에 따르면 1970년부터 2006년 사이 지구 생물종의 31%가 사라졌다고 해요. 그중 절반의 멸종 원인은 기후변화였어요. 산업혁명 이후 상승한 지구 평균기온 1℃는 인간에게는 작지만, 지구 생태계엔 끔찍한 재앙의 숫자입니다.

생물의 멸종은 앞으로 더욱 심각한 문제가 될 거예요. 2019년 제7차 유엔 생물다양성과학기구(IPBES) 총회에서는 앞으로 수십 년 안에 100만 생물종의 멸종을 예측하며 "혁신적 변화를 꾀하지 않는다면 생물다양성은 2050년까지 계속 감소할 것이고 우리 삶은 지속 가능하지 않을 것"이라는 진단이 나왔습니다. 생물학자 에드워드 윌슨(Edward Wilson)은 "우리가 저지를 죄 가운데서 미래 세대에게 용서받지 못할 것이 있다면 대멸종이다"라고 경고했죠. 모두 생물다양성이 무너지는 인류세와 대멸종에 대한 절박한 호소입니다.

가만히 두고 볼 수만은 없어요. 유엔은 매년 5월 22일을 '세계 생물다양성의 날'로 선언했습니다. 이를 통해 생태계, 종, 유전자 수준에서 생물다양성의 보전과 지속가능한 이용을 위해 맺은 '생물다양성 협약'(1992)을 기념하는 한편, 생물다양성 재건을 위해 '합의에서 행동'으로 나갈 것을 촉구했어요. 또한 교육과 토론, 캠페인은 물론 생물다양성 위기를 맞고 있는 지역을 찾아 보호 활동을 수행하고 있습니다. 무엇보다 지금까지의 흐름을 되돌리기 위한 결단이 필요하겠죠. 그리고 그 결단엔 모든 문제의 근본 원인인 기후변화 저지를 위한 온실가스 감축, 재생에너지로의 전환, 자원 재활용, 지구환경을 발전의 수단으로만 여겨온 인류의 인식 전환 등이 빠짐없이 함께해야 합니다.

자연이라는 자산

환경문제에 공감대가 커지면서 무슨 일이든 생태계를 보전하거나 훼손을 최소화하는 방향으로 제도와 인식이 모이고 있습니다. 공장을 짓고 도로를 깔고 도시를 조성할 때 환경영향평가를 먼저 거치도록 하는 것도 그런 사회적 공감대의 결과예요. 자연을 개발 대상으로만 간주하던 시절과 비교하면 눈부신 변화죠. 그런데 한편으로 우리는 이제 지구 생태계를 '인간에 의해 훼손되는 약한 존재' '돈을 들여서라도 지켜야 하는 것'으로 여기는 경향이 있습니다. 이런 관점은 '지구를 구하는 것은 경제적으로 손해지만 해야 하는 일'이라는 의무감을 심어주는데요. 개발되거나 훼손되는 지구. 과연 우리에게 지구는 그런 존재일까요?

기후변화 시대에는 자연을 바라보는 또 하나의 관점이 제시되고 있어요. 개발 아니면 훼손이라는 이분법적 시각에서 벗어나 자연이 가진 생산성을 하나의 자본으로 보는 관점입니다. 대표적으로 영국의 경제학자 파르타 다스굽타(Partha Dasgupta) 교수는 2021년 영국 정부의 의뢰로 작성한 보고서

〈생물다양성의 경제학〉에서 "자연도 자산*이다"라는 개념을 제시했어요. 영국 정부는 이듬해 이 보고서를 유엔 생물다양성 회의에 제출했고, 지구 생태계에 대한 가치 평가가 본격화되었습니다.[15]

물론 누구나 자연에 가치가 있다는 걸 알아요. 다만 그 크기를 측정하기 어려울뿐더러 당장 눈에 보이는 개발의 경제적 이득 앞에 뒷전으로 밀려나곤 했죠. 녹지 보존을 위해 전국에 지정한 그린벨트(개발제한구역)가 신도시 개발 등의 요구에 밀려 점점 줄어드는 것처럼 말예요.

우리는 도로나 빌딩 등을 '사회적 자산'으로 생각해요. 같은 개념으로 생태계도 '모두의 자산'이라고 생각해봅시다. 예를 들어, 대규모 농장을 만들기 위해 아마존 열대우림을 개발하면 GDP가 증가합니다. 경제성장이 이뤄지는 거죠. 왜냐하면 지금까지의 경제학에선 최종 생산물의 가치만 계산해서

*   경제적 가치, 즉 돈으로 환산할 수 있는 재산을 뜻해요. 현금·부동산·자동차 등 눈에 보이는 것을 유형자산, 특정 권리나 기술처럼 눈에 보이지 않는 것을 무형자산이라고 합니다.

숲, 탄소를 줄이는 지구의 자산

GDP에 반영해왔기 때문이에요. 농장을 짓는 과정에서 파괴된 숲의 가치는 고려되지 않죠. 다시 말해 아마존의 숲을 모두 밀어버리고 농장을 세워도 GDP는 상승하는 구조예요.

다스굽타 교수는 인식의 전환을 제안합니다. 그는 아마존 숲이 생물다양성의 보물창고인 동시에 전 세계의 탄소를 흡수한다는 점을 평가하자고 주장해요. 아마존 숲을 개발해서 얻은 GDP는 숲이 훼손된 만큼의 자산 가치를 빼고 다시 계산해야 된다는 거죠. 즉 겉보기에 부가 증가하더라도 '자연자산'이 감소한다면 경제성장으로 볼 수 없다는 말이에요.

이처럼 자연의 경제적 가치를 측정하고 평가할 수 있다면 경제성장과 부의 개념이 근본적으로 바뀔 거예요. 또한 '환경보호는 비경제적'이라는 고정관념을 깰 수 있겠죠. 환경을 위한 행동이 '미래를 위한 인내'가 아닌 '당장의 이익'이 되는 것이죠. 어떤 개발 사업이든 지구 생태계와 조화를 이루어야 비로소 이익을 볼 수 있게 됩니다.

또한 자연의 자산화는 자연보호를 위한 '시장의 형성'으로 이어질 수도 있습니다. 지구를 구하는 정책과 사업이 훨씬 적극적으로 이뤄지는 거죠. 여전히 더디기만 한 기후변화를 막는 움직임도 본격적으로 일어날 수 있을 거예요.

지구를 살리는 과학기술

'운명의 날'과 씨앗 금고
_ 글로벌 시드볼트

지구의 동식물 대부분이 멸종하고 자연재해가 모든 걸 파괴하는 '운명의 날'이 온다면 우리의 미래는 어떻게 될까요? 최악의 상상이지만, 기후변화의 추세를 볼 때 얼토당토않은 시나리오는 아닙니다. 옛말에 "농부는 굶어 죽어도 종자는 먹지 않는다"라고 했어요. 종자는 '씨앗'입니다. 당장 급하다고 씨앗을 먹어버리면 다가올 봄에 심을 게 사라지고, 이는 곧 미래가 사라지는 것과 마찬가지라는 뜻이죠.

씨앗은 식물 번식의 출발점이에요. 작고 단단한 씨앗은 싹을 틔우기에 적당한 환경이 될 때까지 휴면 상태를 유지해요. 몇몇 동물이 겨울잠을 자며 봄을 기다리듯 말이죠. 씨앗의 휴면 기간은 몇 주부터 몇 년까지 천차만별이에요. 중국에서는 청나라 황실에서 보관하던 100년도 더 된 연꽃 씨앗이 꽃을 피워 화제가 되기도 했어요. 긴 시간을 가로질러 싹을 틔워낸 씨앗의 생명력은 감탄을 자아냅니다.

씨앗을 저장했다가 필요할 때 꺼내 쓰는 시설을 '종자은행(씨앗은행)'이라고 해요. 다양한 종류의 씨앗을 보관하는 종자은행은 생물다양성 위기를 맞아 그 역할이 더욱 강조되고 있습니다. 종자은행은 각국 식량안보의 최전선이기도 해요. 2022년 러시아–우크라이나 전쟁 초기에 우크라이나 북동부에 위치한 종자은행인 국립식물유전자은행이 공격받은 것도 그런 중요성 때문이라는 분석이 많아요.

종자은행은 전 세계에 1700곳가량이 운영 중입니다. 전쟁이나 자연재해를 대비해 곳곳에 분산돼 있죠. 한국도 작물 씨앗 27만2000여 점을 경기도 수원과 전라북도 전주의 종자은행에 보관하고 있어요. 세계 최대의 종자은행은 어디일까요? 영국 큐 왕립식물원의 밀레니엄 종자은행입니다. 기네스북에도 오른 이곳은 4만 종의 씨앗 24억 점을 보관하고 있어요.

한편 이와 별개로 언제 닥칠지 모를 '운명의 날'을 대비해 씨앗을 저장해두는 '시드볼트(seed vault)'도 있습니다. 말 그대로 씨앗 금고, 현대판 노아의 방주라고도 불리죠. 종자은행이 필요할 때 씨앗을 꺼내 쓸 수 있는 것과 달리 시드볼트의 목적은 씨앗의 '영구 저장'이에요. 전 지구적 재난, 그야말로 최악의 미래에 대비한 인류 최후의 '생명보험'인 셈이죠.

유엔식량농업기구에서 공인한 시드볼트는 전 세계에 단 두 곳으로, 한국과 노르웨이에 존재합니다. 먼저 한국엔 '백두대간 글로벌 시드볼트'가 있어요. 2015년 경상북도 봉화의 해발 600m 지점에 건설된 이곳은 입구에서부터 지하 46m까지 비스듬히 내려가는 터널 구조의 저장고입니다. 규모 6.9의 지진에도 견딜 수 있고, 365일 24시간 −20℃를 유지하기 위한 냉각 장치, 정전에 대비한 이중 삼중의 전력공급 시설을 갖추고 있어요.

백두대간 글로벌 시드볼트는 전 세계 생물다양성의 운명이 담긴 야생식물종자 영구저장 시설이에요. 전 세계 약 200만 종의 씨앗을 보관할 수 있고, 유전자 연구와 장기보존 방법 개발을 병행한답니다. 소나무 씨앗은 350~400년, 연꽃과 수련의 씨앗은 1000년 이상 보관할 수 있다고 해요.

한편 노르웨이의 북쪽 스발바르 군도에는 '스발바르 글로벌 시드볼트'가 운영 중입니다. 면적의 60%가 빙하로 이뤄진 북극점 근처 영구동토층 지하 75m에 자리 잡고 있어요. 지구에서 가장 척박한 장소에 세워진 씨앗 금고죠. 2008년 버려진 탄광을 활용해 건설된 스발바르 시드볼트는 24시간 −18℃의 기온에서 종자의 휴면 상태가 유지되도록 관리합니다.

시드볼트엔 세계 각국 정부와 연구소, 1700여 개 종자은행에서 위탁해온 표본 씨앗이 저장되어 있습니다. 백두대간 시드볼트는 야생식물의 씨앗을, 스발바르 시드볼트는 식용작물의 씨앗을 주로 보관해요. 두 곳에 저장된 수억 점의 씨앗은 인류에게 중대한 식량위기가 닥치거나 특정 식물종이 멸종할 경우에만 반출된다고 해요. 단 한 번, 예외적으로 시드볼트의 저장고가 열린 일이 있는데요. 2015년 내전으로 파괴된 시리아 종자은행을 복구하기 위해 특별히 스발바르 시드볼트의 씨앗이 제공되었습니다. 재건 후 해당 식물종의 표본 씨앗은 다시 시드볼트 저장고로 돌아왔다고 해요.

백두대간
시드볼트

스발바르
시드볼트

생명의 그물망을 지키는
_ 생물종 복원 기술

성탄절 하면 떠오르는 것 세 가지. 산타클로스 할아버지와 루돌프, 그리고 크리스마스-트리입니다. 특히 초록빛 나무에 반짝이는 전구와 별, 방울 등으로 장식한 크리스마스-트리는 연말 분위기에 빼놓을 수 없는 볼거리죠. 성탄절 아침에 눈을 뜨자마자 트리 앞에 놓인 선물상자를 풀어보던 시간은 저에게도 따뜻한 추억으로 남아 있어요.

그런데 멋들어진 자태를 가져 크리스마스-트리로 인기가 높은 '구상나무'의 고향이 한국이라는 사실을 아시나요? 구상나무의 영어 이름은 Korean Fir, 학명은 Abies Koreana입니다. 이 나무가 어디에서 왔는지 단번에 알 수 있죠? 구상나무라는 명칭은 제주도의 방언 '쿠살낭'에서 유래했어요. 쿠살은 성게, 낭은 나무라는 뜻으로 잎이 달린 모양이 성게와 닮아서 붙은 이름이에요. 구상나무는 한라산, 지리산 등 해발 500~2000m의 서늘한 곳에서 살아갑니다.

그런데 이 구상나무가 다른 곳도 아닌 고향에서 사라질 위기에 처했습니다. 특히 세계 최대의 자생지 한라산의 구상나무들이 기후변화의 영향으로 말라 죽어가고 있어요. 지구온난화로 겨울철 기온이 오르고, 그 바람에 눈이 적게 내리면서 봄철 토양에 공급되는 수분이 줄어들었기 때문이에요. 국립공원연구원에 따르면 2012년 −9.1℃이던 지리산 반야봉 일대의 2월 평균기온은 2017년엔 −5.8℃로, 해마다 0.76℃씩 상승했다고 해요. 반면 같은 기간 토양이 머금은 수분은 16.5% 감소했습니다. 기온과 습도 모두 구상나무가 살기에 척박한 환경이 되어가고 있는 거예요.

한국 정부와 과학자들은 구상나무 보존에 사력을 다하고 있습니다. 전국에서 모은 구상나무의 씨앗 2만여 점을 백두대간 시드볼트에 저장하는 한편, 온실가스 증가와 기온 상승이 구상나무 유전자 발현에 어떤 영향을 주는지 연구하고 있습니다. 구상나무의 씨눈에서 배아줄기세포✦를 배양하는 방

✦　줄기세포는 동식물의 신체 중 어떤 기관으로도 분화할 수 있는 가능성을 가진 세포입니다. 배아줄기세포는 수정 이후 세포분열을 통해 신체가 발생하기 시작한 상태, 즉 배아에서 추출한 줄기세포를 의미해요. 식물인

법도 시도되고 있어요. 구상나무는 자연 상태에서는 싹을 틔울 확률이 낮기 때문에 배아줄기세포를 이용해 씨앗 없이 묘목을 생산한다는 계획이에요.

구상나무 외에도 정부 차원에서 복원·보존 사업이 진행 중인 멸종위기 생물은 더 있어요. 따오기는 동북아시아에서만 수천 마리가 서식하는 희귀 조류입니다. 과거엔 한반도에서 흔히 볼 수 있었지만 무분별한 포획과 서식지 훼손으로 사라진 천연기념물이자 멸종위기 야생생물(1급)이에요. 1979년 비무장지대에서 목격된 기록이 마지막이라고 해요. 2008년 한국 정부는 중국에서 따오기 한 쌍을 들여와 창녕군 우포따오기복원센터에서 복원 연구에 들어갔습니다. 이후 10년간의 복원 작업 끝에 2019년 290마리의 따오기를 야생으로 내보낼 수 있었어요. 2024년까지 아홉 차례에 걸쳐 방사가 이루어졌고, 2021년부터는 해마다 야생에서 자연 번식하는 따오기가 관찰되는 등 복원의 성과가 서서히 드러나고 있습니다.

구상나무는 씨앗 속 씨눈에서 배아줄기세포를 얻습니다.

가슴에 하양 초승달 무늬가 인상적인 반달가슴곰. 역시 천연기념물이자 멸종위기 야생생물(1급)입니다. 한반도 곳곳에 살던 반달가슴곰도 서식지가 파괴되고 한약재인 웅담(쓸개)을 노린 밀렵으로 개체수가 줄면서, 1998년 무렵엔 지리산 인근에 단 다섯 마리만 남을 만큼 멸종 직전까지 몰렸어요.

2004년 국립공원공단 종복원기술원의 주도로 반달가슴곰 복원 사업이 시작되었습니다. 러시아(연해주)와 북한, 중국 북동부에 서식하는 반달가슴곰을 데려와 지리산에 방사했어요. 또한 추적·관찰을 통해 곰과 서식지를 보호하는 한편, 도로 등으로 끊긴 서식지를 연결하기 위해 야생동물 이동통로를 만드는 노력을 이어갔습니다. 그 덕분에 한반도의 반달가슴곰은 2024년 최소 85마리로 늘어났어요. 이 가운데 69마리는 4대에 걸쳐 야생에서 태어나고 살아남았다고 해요. 개체수 증가와 함께 대를 이은 자연 번식이 확인되면서 반달가슴곰의 복원 사업은 성공적이라는 평가를 받고 있습니다.

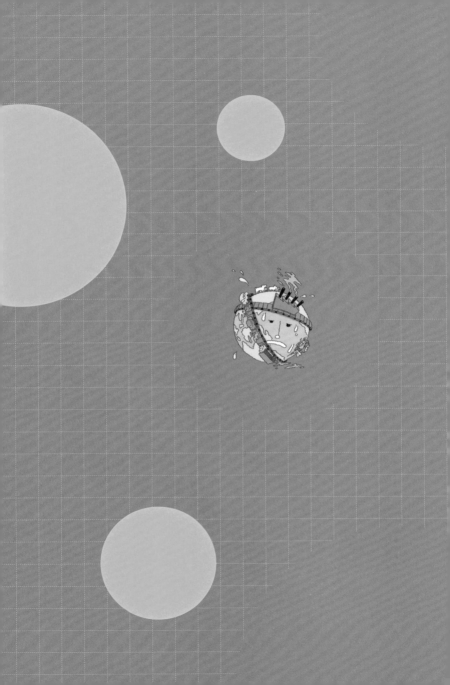

인간과 과학

6

지금까지 지구가 처한 여러 위기에 대해 알아보았습니다. 아울러 기후변화와 자원고갈, 생물다양성의 감소 속에서 해답을 찾아가는 과학의 이야기도 살펴보았어요. 여러분은 과학이 기후변화와 거기서 비롯된 문제들에 잘 대응하고 있고, 해결해내리라고 보나요? 아니면 과학만으론 이들 문제에 맞서기가 어렵다고 생각하나요?

사전은 과학을 '사물의 구조, 성질, 법칙을 관찰해 얻은 체계적 지식 체계'라고 정의해요. 맞습니다. 과학자들은 원자 단위에서 우주에 이르기까지 모든 것을 관찰해요. 여기에 끊임없는 실험과 연구를 더해 보편적 지식과 원리를 발견해냅니다. 여러분이 학교에서 배웠거나 곧 배우게 될 만유인력의 법칙(아이작 뉴턴), 대륙이동설(알프레드 베게너), 멘델 유전법칙(그레고어 멘델) 등도 모두 그런 과정을 거쳐 얻은 지식입니다.

과학은 자연현상과 그 원리를 탐구하는 자연과학부터 이를 응용해 인간 생활을 이롭게 하는 과학기술 및 공학까지 분야가 다양해요. 기초과학이라고도 불리는 자연과학은 기술·공학 연구의 토대가 되는 이론과 지식을 제공하죠. 자연과학의 발전 위에서 인공지능, 반도체, 스마트폰, 자동차, 건축물 등 기술·공학의 성과들도 빛을 발할 수 있답니다.

기후변화가 바꾼 과학

오늘날 지구가 직면한 위기는 과학에도 변화를 몰고 왔습니다. 식재료가 바뀌면 요리사의 메뉴가 달라지듯, 연구 대상인 지구환경의 급격한 변동에 따라 과학의 관심사도 변화하는 것이죠. 그 중심에 기후학이 있습니다. 기후학은 '지구 대기의 종합적·평균적 상태'를 연구하는 학문이에요. 고대 그리스에서부터 시작된 기후학은 그동안 각종 기상 현상의 원인과 과정을 규명하는 데 초점을 맞춰왔습니다. 그 덕분에 우리는 날씨예보를 받아보고 수천 킬로미터 떨어진 태풍의 진행 경로까지 미리 알 수 있게 되었죠.

기후학은 이제 지구환경 변화의 전반을 탐구하는 방향으로 확장되고 있어요. 빙하 시추 등으로 100만 년 전 지질시대의 대기 정보를 복원하고, 이를 통해 기후의 장기적 흐름을 추적하는 고기후 분야가 대표적이죠. 대기 중 온실가스의 분포나 농도가 어떻게 변화할지 등 미래의 지구환경을 전망하는 기술, 기후변화가 인간을 비롯한 동식물의 건강에 미치는 영향을 분석하는 기술, 인공지능과 빅데이터를 이용해 날씨의 양상을 예측하고 대응하는 기후 모델링 연구 등 그 밖에도 다양한 분야가 개척되고 있습니다.

한편 과학을 바라보는 관점도 점점 변화하고 있어요. 근대 이전 계급사회에서 과학은 과학자의 전유물이었습니다. 배움의 기회를 갖지 못한 대부분의 사람에게 과학은 천재들의 영역이며 '딴 세상'이었죠. 그러다 보니 미신과 유사과학 같은 속임수가 세상을 쉽게 어지럽히기도 했어요. 이런 진입 장벽은 근대 이후 차별 없는 공교육이 도입되면서 점차 사라졌습니다. 더 많은 학생이 과학자의 길로 들어섰고, 일반 시민들도 과학적 사고방식과 지식을 키우게 되었어요. 과학 영역과 기술 영역의 교류도 활발해지면서 '과학기술'은 한 몸처럼 발전을 거듭했습니다.

과학의 두 얼굴

과학기술은 불가능을 가능하게 만들었어요. 달과 화성으로 탐사선이 오가고 민간 우주여행이 시작되었습니다. 통신기술과 신소재 개발을 통해 언제 어디서든 원하는 사람과 얼굴을 보며 대화할 수 있게 되었죠. 지도앱으로 세계 각지의 도로며 건물을 우리 동네 보듯 들여다볼 수도 있어요. 스마트폰과 컴퓨터는 내 얼굴을 인식해 잠금을 해제합니다. 자율주행하는 자동차에 타서 한국어를 못하는 외국인과 불편함 없이 대화할 수도 있죠. 인공지능 기술 덕분이에요.

고도로 발달한 과학기술은 골치 아픈 사회문제의 해결사로도 주목받고 있어요. 예컨대 불과 10년 전엔 완전범죄였던 사건이 과학수사 덕분에 그 진상을 드러냅니다. 머리카락 한 가닥, 땀 한 방울에서도 DNA를 추출해 범인을 특정할 수 있기 때문이에요. 사회역학 등의 과학적 조사 기법으로 코로나19 감염병 사태가 사회적 약자에게 더욱 가혹하게 작용한다는 사실을 밝혀내기도 합니다. 이를 근거로 취약 계층에 대한 정부 지원을 확대할 수 있었죠. 이렇듯 과학은 부정하기 힘든 데이터와 분석을 근거로 다양한 사회문제 해결에 도움을 주고 있어요.

그러나 과학만으로 모든 걸 해결할 수 있다는 생각은 자칫 과학기술-만능주의로 흐를 수 있습니다. 과학기술-만능주의는 과학기술을 맹목적으로 신뢰하며 모든 문제를 과학기술이 해결할 수 있다고 생각하는 입장이에요. 심지어 과학기술의 발전으로 일어난 문제까지도 말이죠.

과학은 두 얼굴을 갖고 있어요. 영화 〈오펜하이머〉(2023)는 제2차 세계대전 당시 미국의 핵무기 개발 프로젝트인 '맨해

원자력공학의 두 얼굴

튼 계획'을 주도한 물리학자 로버트 오펜하이머의 일대기예요. 세상을 구하기 위해 세상을 파괴할 지도 모르는 원자폭탄을 만든 천재 과학자의 고뇌가 잘 드러난 작품이죠. 원자폭탄은 우라늄·플루토늄 같은 방사성 원소의 핵분열로 얻은 막대한 에너지를 한 순간에 방출하는 무기입니다. 물리학을 비롯해 그때까지 인간이 축적한 과학기술적 지식이 집약된 결과물인 동시에, 가장 끔찍한 살상무기이기도 해요.

1945년 8월 일본 히로시마와 나가사키에 떨어진 단 두 발의 원자폭탄으로 무려 20만 명 이상이 사망했습니다. 그 가운데는 4만 명의 한국인도 포함돼 있어요. 원자폭탄의 무시무시한 위력을 경험한 인류는 이후에도 많은 핵무기를 만들었지만 실전에 사용하진 않았습니다. 그 대신 핵분열 에너지를 이용한 발전소를 건설해 세상에 전기를 공급하게 되죠.

다이너마이트도 과학기술의 양면성을 보여주는 사례예요. 다이너마이트는 19세기 스웨덴의 화학자 알프레드 노벨이 발명한 '안전한 폭약'입니다. 그 덕분에 폭발사고가 크게 줄었고, 광산 개발이나 터널·댐·지하철 등 대규모 공사를 안심하고 진행할 수 있었죠. 하지만 그 뒤 다이너마이트는 무기로도 개발되어 수많은 사람의 생명을 앗아가게 됩니다. 자신의 발명품이 전쟁에 사용된 것을 본 노벨은 죄책감에 시달렸고, 죽기 전 모든 재산을 스웨덴 정부에 맡기며 인류 문명과 평화에 기여한 사람에게 나눠주라는 유언을 남겼어요. 이렇게 해서 생겨난 것이 세계에서 가장 영예로운 상이자 전 세계 과학자의 꿈으로 불리는 노벨상이에요.

이처럼 과학은 세상에 유용할 수도, 해로울 수도 있어요. 이런 양면성을 두고 '과학은 가치중립적이다'라고 표현합니다. 가치중립이란 말은 특정 입장이나 가치관에 치우치지 않은 상태를 뜻해요. 즉 과학은 독립적 학문이며 그 자체로는 어떤 주장이나 목적을 갖지 않는다는 말이죠. 그런데 과연 현실에서 과학이 그런 순수함을 유지할 수 있을까요? 그렇지 않습니다. 오히려 과학은 지역과 국적에 따라 다양한 입장을 드러내고, 하나의 사회 안에서조차 상황에 맞춰 정반대로 이용되기도 해요. 광산에서 쓰이던 폭약이 국제정세에 따라 전쟁무기로 쓰이는 것처럼 말이에요. 과학과 기술을 떼어낼 수 없듯, 과학과 사회도 밀접하게 영향을 주고받습니다.

맹신과 착시

기후변화는 지구의 풍경을 하루가 다르게 바꿔놓고 있어요. 지구가 회복 가능한 평균기온 상승 한계점(1.5℃)이 코앞입니다. 북극은 머지않아 '빙하 없는 여름'을 맞을 전망이에요.[16] 폭염과 극한강수 등 기상이변은 더 이상 '이변'이 아닐 만큼 자주 찾아오죠. 대구 사과, 김천 포도, 부천 복숭아 등 노랫말처럼 외우던 과일의 주산지도 옛말이 되었어요. 우리가 사랑하는, 그리고 미처 알지 못하는 수많은 동식물의 운명이 벼랑 끝에 서 있습니다. 모두가 이쯤에서라도 기후변화가 멈추길 바라지만 하나같이 어두운 전망뿐이에요.

이렇게 막막한 상황에서 사람들은 과학기술에 기대를 걸어요. 2020년대 초반 코로나19 팬데믹✦ 사태로 전 세계가 혼

✦ 팬데믹(pandemic)이란 특정 질병이 전 세계로 전염·확산되는 비상 상황을 뜻해요. 역사적 팬데믹 사례로는 천연두, 페스트, 콜레라, 인플루엔자 등이 있습니다. 반면 엔데믹(endemic)은 해당 질병에 대한 면역력이 형성된 덕분에 감기나 독감처럼 일상적·주기적으로 유행하는 단계를 말해요. 세계보건기구는 2023년 5월 코로나19가 더 이상 우려할 만한 공중보건 비상사태가 아니라며 엔데믹을 선언했습니다.

란에 빠졌지만 백신과 치료제가 신속하게 개발되면서 일상을 회복할 수 있었어요. 이런 경험을 통해 과학기술이 이번에도 뭔가를 해주리라는 희망을 갖는 거죠.

실제로 기후문제에서 과학은 막중한 역할을 맡고 있어요. 각국 정부와 대학교, 기업에서는 이산화탄소를 포집하고 평균기온을 낮추기 위한 다양한 연구와 기술 개발이 진행 중이에요. IPCC에도 많은 과학자가 참여하고 있습니다. 각계 전문가의 분석과 예측모델을 바탕으로 매년 보고서를 작성하죠. 이 보고서는 IPCC 회의에 참석한 각국 대표들이 결정을 내리는 데 큰 역할을 해요. 기후변화의 책임이 인간에게 있다는 평가 역시 그렇게 이뤄졌습니다.

그러나 냉정하게 보면 현 시점에서 사람들이 기후문제에서 과학기술에 거는 희망은 착시, 또는 섣부른 낙관에 가깝습니다. 기후변화를 논의하는 국제회의가 열릴 때마다 탄소포집저장(CCS), 바이오에너지 탄소포집(BECCS), 바이오-숯 탄소흡착 등 당대의 첨단 기술이 등장해 주목받고 있어요. 문제는 이들 기술이 상용화 단계에 올라서지도 않았고, 효과가 증명된 것도 아니라는 거예요.

　2015년 파리협정에 따라 세계 195개 나라는 2030년, 그리고 2050년까지 각각 달성할 온실가스 감축 목표량을 정했습니다. 가장 좋은 방안은 재생에너지 비율을 늘리는 것이죠. 그러나 에너지 전환은 다양한 이해와 입장이 얽히고설킨 데다가 비용 문제도 만만찮아서 진척이 느립니다. 이에 각국 정부는 CCS 등 아직 개발 중인 과학기술의 효과를 미리 적용해 감축 목표량을 늘려 잡았어요. 말하자면 여러분이 당장은 한 푼도 없지만 오늘 밤이나 내일 아침엔 용돈을 탈 수 있을지도 모른다는 기대를 갖고 내일 친구들과 놀이공원에 가기로 약속하는 것과 비슷해요. 한국 정부의 탄소감축 정책도 마찬가지예요. 이렇게 마련된 각국 정부의 목표치는 다시 IPCC의 보고서에 반영되어 미래 전망에도 영향을 미치고 있죠. 그런데 그 무렵까지 탄소포집기술 등이 상용화되지 못한다면 어떻게 될까요? 전문가들은 이렇게 아직 미지수인 기술에 대한 기대감으로 미래의 기후변화 상황을 낙관하는 것을 '착시'라며 우려합니다.

기술이 제때 완성된다고 해도 문제는 남아요. 2020년 영국의 기후정책학자 던컨 맥라렌(Duncan McLaren)은 새로운 과학기술이 등장할 때마다 쏟아지는 기대가 사람들의 온실가스 감축 의지를 느슨하게 만든다는 연구결과를 발표했어요.[17] 그의 말대로 지나친 기술 의존은 기후변화를 막기 위한 실천을 가로막을 수 있습니다. 지구온난화에 대한 인간의 책임을 과학기술로 덮으려고 해서는 곤란해요. 의학과 영양학의 발전에 힘입어 인간은 과거보다 훨씬 오래 살게 되었지만, 그럼에도 건강관리는 스스로의 책임이듯이 말예요. 물론 기술의 발전은 중요합니다. 단지 그것만 바라보며 가만히 있으면 곤란하단 말이죠.

그래도 과학

기후변화를 막기 위한 일상적 변화가 곳곳에서 감지됩니다. 비닐봉지 대신 장바구니를, 일회용 컵 대신 텀블러를 사용하는 사람이 크게 늘었어요. 식습관을 육류 대신 채식 중심으로 전환하자는 움직임도 있어요. 분리수거를 통한 재활용에서 한발 더 나아가 소비 자체를 줄이자는 목소리도 커지고 있습니다.

이런 일상적 변화도 중요합니다. 기후변화를 막는 시작점이니까요. 그런데 텀블러만으로는, 장바구니만으로는 지구를 구해내긴 어려워요. 그만큼 상황이 심각하기 때문이에요. 기후변화를 저지하기 위해선 전 세계가 온실가스를 배출하지 않는 에너지 전환이 이뤄져야 합니다. 그러자면 대체에너지, 특히 재생에너지 분야의 과학기술이 뒷받침되어야 해요. 과학에만 의존하는 태도도 위험하지만, 그렇다고 과학을 폄훼해서도 곤란합니다. 인류 문명이 과학의 주도로 발전해왔듯, 그 문명의 미래를 바꾸는 데도 과학이 큰 몫을 맡아야 할 거예요.

그렇다면 기후변화 시대의 과학은 어떻게 연구되고, 어떤 방향으로 발전해야 할까요? 또한 과학자들은 어떤 태도를 갖고 연구해야 할까요? 무엇보다 앞으로의 과학은 기후변화라는 위기를 받아들이고, 이를 막기 위한 인류의 노력에 근거를 제공하는 방향으로 나아가야 해요. 과학 연구가 차곡차곡 쌓일수록 각국 정치가들이 결단하는 시간이, 모두가 사회적 합의에 다다르는 시간이 단축될 겁니다. 한편 전 세계적 탄소중립 정책은 선진국과 한창 산업화 단계에 들어선 개발도상국·후진국 간 격차를 키울 것이란 우려와 불만을 낳고 있어요. 과학은 이 격차를 좁힐 방법을 찾기 위해 노력해야 합니다.

기후변화 시대에 과학기술이 나아가야 할 방향을 상징적으로 보여주는 사례는 2021년 노벨물리학상이에요. 노벨상은 물리학, 화학, 생리의학, 문학, 평화, 경제학 등 6개 분야에서 '인류를 위해 크게 헌신한 사람'에게 수여합니다. 특히 과학 분야의 노벨상 수상은 학문적으로 뛰어난 업적을 남긴 동시에 그 연구가 인류의 복지에도 크게 기여했다는 의미를 갖습니다.

2021년 노벨물리학상의 주인공은 기후·기상학자 슈쿠로 마나베(Syukuro Manabe)와 해양·기후학자 클라우스 하셀만(Klaus Hasselmann), 그리고 물리학자 조르조 파리시(Giorgio Parisi)예요. 기후학자가 노벨물리학상을 받은 것은 최초의 일입니다. 그만큼 이 문제가 심각하며 전 지구적 이슈임을 보여

지구를 구하는 과학자들

슈쿠로 마나베

클라우스 하셀만

조르조 파리시

준다고 할 수 있어요. 수상자 3인의 업적은 모두 인공지능-빅
데이터를 이용한 기후변화 예측 모델과 관련이 있습니다.

기후변화를 입증하고 예측하는 연구에는 커다란 과학적
난관이 존재합니다. 우리가 사는 지구를 대상으로 실험할 수
없다는 것이죠. 이에 대안으로 떠오른 게 '가상의 지구'입니
다. 슈쿠로 마나베 미국 프린스턴대 교수는 1960년대부터 온
실가스 증가에 따른 대기 변화를 분석하고 예측했습니다. 그
의 연구는 '가상의 지구'를 만드는 토대가 되었어요. '전 지구
기후모델'이라 불리는 이 프로그램은 실제 공기·구름의 생성
과 변화, 물의 흐름과 순환을 그대로 재현합니다. 중력을 비
롯한 물리학의 기본 법칙을 그대로 적용했기 때문이에요. 또
한 이 프로그램은 과거 지구의 평균기온, 습도, 바람 등의 데
이터를 분석해 미래의 기후를 예측합니다. 2030년엔 평균기
온이 몇 도나 올라갈지, 북극 빙하가 모두 녹는 건 몇 년도일
지, 빙하가 사라지면 해류는 어떻게 바뀔지, 해수면이 상승하
면 각국의 저지대는 어디까지 침수될지 등 뉴스가 전하는 지
구의 미래 모습은 바로 이런 기후모델이 내놓은 것입니다.

공동수상자인 클라우스 하셀만 독일 막스플랑크연구소 연구원은 기후변화의 원인이 인간의 활동에 있다는 사실을 밝혀낸 과학자예요. 그는 기후에 영향을 미치는 변수 중 자연현상과 인간활동을 따로 구분해 분석했어요. 이를 통해 무분별한 화석연료 사용이 지구온난화와 각종 기상이변을 불러왔음을 과학적으로 입증했습니다.

조르조 파리시 이탈리아 사피엔자대 교수는 물리학자로서 기후변화 예측에 기여한 점을 인정받았어요. 그는 아무리 복잡하고 무질서해 보이는 세계에도 물리학적 법칙이 존재하며, 따라서 그 변화나 상호작용을 과학적으로 예측할 수 있다는 개념을 제시했습니다. 거대하고 복잡한 지구의 미래를 전망하는 기후모델의 이론적 토대를 제공한 것이죠.

이들 과학자의 노력이 없었다면 기후변화도, 그 원인이 인간에 있다는 사실도 여전히 논란 중이었을지도 모릅니다. 기후변화에 대한 과학적 이해와 미래 예측, 전 세계적 공동 대응은 지금보다도 훨씬 더 어렵고 더뎠을 겁니다. 이 정도면 '지구를 구하는 과학자들'이라는 호칭이 아깝지 않죠?

현실을 바꿔나갈 용기

영화 〈돈 룩 업(Don't Look Up)〉(2021)은 눈앞에 닥친 재앙을 애써 부정하는 인간의 어리석음을 꼬집은 작품이에요. 미국의 천문학자인 랜들 민디(레오나르도 디카프리오)와 케이트 디비아스키(제니퍼 로렌스)는 지구를 향해 날아오는 혜성을 발견합니다. 이 혜성이 머지않아 지구와 충돌한다는 것을 예측한 두 사람은 이를 항공우주국(NASA)에 알리고, 백악관으로 가서 대통령과 면담하게 됩니다. 하지만 선거에만 정신이 팔린 대통령은 경고를 귀담아듣지 않았죠. 이후 랜들과 케이트는 시민들에게 직접 경고하기 위해 인기 토크쇼에 출연하지만 거기서도 웃음거리로만 취급됩니다.

시민들도 마찬가지예요. 24시간 쉴 틈 없이 쏟아지는 뉴스와 정보, 소셜미디어에 푹 빠져 살지만 정작 지구의 운명을 가를 뉴스엔 누구도 관심을 두지 않아요. 하늘만 봐도 혜성이 지구로 다가오고 있다는 사실을 알 수 있는데, 다들 고개를 들지 않은 채 의문과 의심으로 시간을 허비하죠. 결국 혜성은 지구와 충돌하고 세계는 멸망합니다. 정부의 탈출 제안을 거

절하고 지인들과 함께 지구에 남은 랜들은 "생각해보면 우린 정말 부족한 게 없었어. 그렇지?"라는 말을 남기며 최후를 맞이해요.

이 영화는 일차적으로 혜성 충돌을 둘러싼 정치와 기업, 미디어의 행태를 풍자합니다. 특히 정부와 권력자들의 무책임을 적나라하게 드러내죠. 그들이 전 지구적 재난 앞에서 과학적 사실을 의심하고 진지하게 고민하지 않을 때 어떤 일이 벌어지는지 생생히 보여줍니다. 그런 한편 이 영화는 '설마 지구가 멸망하겠느냐'며 아무것도 하지 않는 시민들의 무사안일도 꼬집습니다. 바로 우리들, 즉 진실과 사실엔 무관심하고 그럴듯한 음모론에 귀를 기울이는 대중의 심리에도 책임을 묻고 있어요.

언젠가부터 언론이나 방송, 공식 기관의 보도보다 동영상 공유 사이트인 유튜브에 올라온 출처 모를 이야기들이 훨씬 더 주목받고 있습니다. 문제는 '시사 유튜버'라는 그럴듯한 이름을 걸고 제작된 영상의 상당수가 사실 확인이나 교차 검증이 이뤄지지 않은 가짜뉴스라는 거예요. 중요한 문제의 결정이 시민 다수의 생각이나 선택에 따라 이뤄지는 민주주의 사회에서 가짜뉴스의 유행은 커다란 위협입니다. 이는 지구 환경 문제에서도 마찬가지예요. 기후변화를 부정하거나 그 심각성을 축소하고, 때론 아직 미지수인 과학기술의 효과를 과장하기도 하죠.

시간이 없다고 가짜뉴스에 휘둘려선 안 됩니다. 우리에게 필요한 건 합리적 사고예요. 기후변화를 있는 그대로 받아들이고, 과학의 가능성과 한계를 따져보는 거예요. 인류의 일원으로서 내가 무엇을 할 수 있을지도 말이에요. 우리가 시민으로서 올바른 결정을 내릴 때, 지구도 비로소 회복을 시작할 겁니다.

인용 및 자료 출처

1 〈탄소 못 줄이면?⋯"2100년 해운대 사라진다"〉, 《YTN사이언스 뉴스》, 2023년 3월 21일; 〈한반도 기후변화 전망보고서 2020〉, 국립기상과학원(http://www.nims.go.kr); 〈제6차 기후변화 평가보고서(AR6)〉, IPCC 참고.

2 〈30년 평균보다 0.53℃ 높았다⋯지구촌 가장 더운 6월 보내〉, 《중앙일보》, 2023년 7월 7일.

3 〈기후위기 책임 가장 큰 나라는? 미국-중국 '네 탓', 한국 18위〉, 《한겨레》, 2022년 11월 6일.

4 〈재생에너지 발전량 비율⋯전 세계 30% 넘을 때 한국 9%〉, 《한겨레》, 2024년 5월 8일.

5 〈VANGUARD RADIO FAILS TO REPORT; Chemical Battery Believed Exhausted/Solar Unit Functioning〉, 《New York Times》, 1958년 4월 6일.

6 1961년 물리학자 윌리엄 쇼클리(William B. Shockley)가 《Journal of Applied Physics》에 발표한 수치.

7 〈K태양전지의 위기(상) '세계 최고'였던 차세대 태양전지 경쟁서 中·중동에 밀려〉, 《동아사이언스》, 2024년 5월 13일.

8   아워월드인데이터(OWID), https://ourworldindata.org

9   〈"꿀벌 집단 실종 사건, 77억 마리 꿀벌은 어디에⋯"〉, 《노컷뉴스》, 2022년 3월 15일.

10 윤신영, 〈'발명된 미스터리' 꿀벌 실종이 놓친 것들 [꿀벌은 울지 않는다]〉, 《alookso》, 2022년 4월 25일.

11 〈기술동향 바이오플라스틱〉, 《KISTEP 브리프 28》, KISTEP, 2022년 8월 24일.

12 〈산양 찾아 40일⋯ "이젠 똥 모양만 봐도 알아요"〉, 《경향신문》, 2011년 8월 21일.

13 〈지구 온난화로 멸종위기에 처한 동물 TOP 5〉, 그린피스(https://www.greenpeace.org/korea/), 2019년 6월 24일.

14 〈2040년 아라비카와 로부스타 커피 못마신다⋯야생커피종 60% 멸종위기〉, 《동아사이언스》, 2019년 1월 17일.

15 마틴 리스 지음, 김아림 옮김, 《과학이 우리를 구원한다면》, 서해문집, 2023, 38쪽.

16 〈북극곰 어쩌나⋯10년 내 '빙하 없는 북극' 본다〉, 《동아사이언스》, 2024년 3월 6일.

17 〈기술발전이 기후변화 저해 요인?⋯'기술 착시 효과' 지적〉, 《동아일보》, 2020년 4월 23일.